W0261588

ISBN 978-3-662-22884-5     ISBN 978-3-662-24826-3 (eBook)
DOI 10.1007/978-3-662-24826-3

Die in den Sitzungsberichten Abtlg. I und Abtlg. II a der math.-nat. Klasse der Österr. Ak. d Wiss. erscheinenden Abhandlungen werden auch einzeln abgegeben. Sie können durch jede Buchhandlung oder direkt durch die Auslieferungsstelle der Österreichischen Akademie der Wissenschaften (Wien I, Singerstraße 12) bezogen werden.

Nachfolgende Abhandlungen aus dem Fache **Botanik** (Biologie) sind erschienen:

### 1954 (S I Bd. 163):

Schiller J.: Über Cyanophyceen aus kleinen künstlichen Wasserbecken und aus dem Ruster Kanal des Neusiedler Sees (mit 17 Textabbildungen [49 Einzelbilder]), 31 Seiten. S 23.40

### 1955 (S I Bd. 164):

Hölzl J.: Über Streuung der Transpirationswerte bei verschiedenen Blättern einer Pflanze und bei artgleichen Pflanzen eines Bestandes (mit 8 Textabbildungen). S 40.—
Huber Elfriede: Vitalfärbungsversuche an Hochmooralgen mit leeren und vollen Zellsäften (mit 13 Abbildungen auf 3 Tafeln). S 36.40
Kiermayer O.: Über die Reduktion basischer Vitalfarbstoffe in pflanzlichen Vakuolen (mit 4 Tafeln und 1 Farbtafel). S 25.20
Loub W.: Algenbiozönosen des Neusiedler Sees (mit 9 Textabbildungen). S 22.—
Url W.: Resistenz von Desmidiaceen gegen Schwermetallsalze (mit 8 Abbildungen auf 2 Tafeln). S 23.—
Ziegler Annemarie: Die blau fluoreszierenden Idioblasten der Scrophulariaceen: Morphologie, Mikrochemie und Vitalfärbbarkeit (mit 19 Abbildungen im Text und auf 3 Tafeln). S 46.90

### 1956 (S I Bd. 165):

Abel W. O.: Die Austrocknungsresistenz der Laubmoose (mit 14 Abbildungen im Text und auf 5 Tafeln). S 73.30
Fetzmann Elsa Leonore: Beitrag zur Algensoziologie (mit 3 Textabbildungen, 4 Tafeln und 1 Beilage). S 73.60
Lenk Ingeborg: Vergleichende Permeabilitätsstudien an Süßwasseralgen (Zygnemataceen und einige Chlorophyceen) (mit 7 Textabbildungen). S 83.60
Sperlich A.: Die Fortpflanzungstüchtigkeit (Phyletische Potenz) des Fremdbefruchters. Nach Versuchen mit drei Formen des Alectorolohus hirsutus (Lam.) Alb. S 58.90

### 1957 (S I Bd. 166):

Politis J.: Über die „Tanninoplasten" oder Gerbstoffbildner der Crassulaceae (mit 2 Textabbildungen und 1 Tafel). S 6.—
Politis J.: Über einen neuen Pflanzenfarbstoff in den Blüten einiger Verbascum-Arten (mit 2 Tafeln). S 5.20
Übeleis Ilse: Osmotischer Wert, Zucker- und Harnstoffpermeabilität einiger Diatomeen (mit 1 Textabbildung). S 30.40

### 1958 (S I Bd. 167):

Höfler Karl: Permeabilitätsstudien an Parenchymzellen der Blattrippe von Blechnum spicant (mit 5 Textabbildungen). S 45.—
Rechinger K. H., Dulfer H. und Patzak A.: Širjaevii fragmenta astragalogica IV. S 38.10
Url Walter: Zur Wirkung der Atmungsgifte Natriumazid und Dinitrophenol auf die Permeabilität von Blechnum spicant-Zellen (mit 3 Textabbildungen). S 25.—
Wawrik Friederike: Hochgebirgs-Kleingewässer im Arlberggebiet III (mit 3 Textabbildungen und 1 Tafel). S 18.90

### 1959 (S I Bd. 168):

Biebl Richard: Röntgenstrahlenwirkungen auf Commelinaceenstecklinge (Total-und Partialbestrahlungen) (mit 9 Tabellen und 5 Textabbildungen). S 31.20
Höfler Karl: Über die Gollinger Kalkmoosvereine (mit 1 Textabbildung und 1 Tafel S 34.50
Höfler Karl und Fetzmann Elsa Leonore: Algen-Kleingesellschaften des Salzlackengebietes am Neusiedler See 1 (mit 1 Tafel). S 21.50
Hustedt Friedrich: Die Diatomeenflora des Salzlackengebietes im österreichischen Burgenland (mit 31 Textabbildungen und 1 Tafel). S 53.90
Luhan Maria: Zur Wurzelanatomie unserer Alpenpflanzen. IV. Compositae (mit 9 Textabbildungen und 4 Tafeln). S 36.90
Pfoser Karl: Vergleichende Versuche über Verholzungsreakionen und Fluoreszenz (mit 2 Textabbildungen und 2 Tafeln) S 18.70
Rechinger K. H., Dulfer H. und Patzak A.: Širjaevii fragmenta astragalogica S 29.40
Wendelberger Gustav: Die Vegetation des Neusiedler See-Gebietes S 7.20

# Über Trocken- und Feuchtluftresistenz des Pollens.

Von SIEGFRIED PRUZSINSZKY

Aus dem Pflanzenphysiologischen Institut der Universität Wien

Mit 12 Abbildungen auf 6 Tafeln

(Vorgelegt in der Sitzung am 3. III. 1960)

## Inhalt.


Seite

I. Einleitung . . . . . . . . . . . . . . . . . . . . . 44

   1. Über Trockengrenzen lebender Pflanzenzellen im allgemeinen    44

   2. Die Resistenz der Pollenkörner . . . . . . . . . . . . . . 45

II. Methodik. . . . . . . . . . . . . . . . . . . . . . 48

   1. Die Herstellung der Dampfspannungen . . . . . . . . . 48

   2. Der Lebensnachweis . . . . . . . . . . . . . . . . . 49

   3. Die Auswahl der Objekte . . . . . . . . . . . . . . . 57

III. Versuche. . . . . . . . . . . . . . . . . . . . . . 58

   1. Die Trockenresistenzschwellen des Pollens . . . . . . . . . 58

     a) Die Schwellen liegen im mittleren Bereich . . . . . . . 58

     b) Die Schwellen liegen unter 2% rel. Luftfeuchtigkeit . . . . 62

     c) Rückführung des vorgetrockneten Pollens in die Dampf-

       spannungsreihe . . . . . . . . . . . . . . . . . . 65

     d) Die Trockenresistenzschwellen im Dauerversuch . . . . . 66

   2. Die Feuchtigkeitsresistenz des Pollens. . . . . . . . . . . 71

     a) Der Pollen keimt in feuchter Luft aus . . . . . . . . 71

     b) Der Pollen wird durch hohe Luftfeuchtigkeit geschädigt 73

     c) Die Feuchtigkeitsresistenz im Dauerversuch . . . . . . 79

   3. Die Lebensdauer im optimalen Bereich . . . . . . . . . 83

IV. Rückblick und Besprechung . . . . . . . . . . . . . . 86

V. Zusammenfassung. . . . . . . . . . . . . . . . . . . 91

VI. Literatur. . . . . . . . . . . . . . . . . . . . . . 92

# Einleitung.

## 1. Über Trockengrenzen lebender Pflanzenzellen im allgemeinen.

Die lebende Pflanzenzelle vermag recht oft eine beträchtliche Verminderung des Wasserdampfgehaltes der sie umgebenden Luft zu ertragen. In manchen Fällen besitzen Pflanzen die Fähigkeit, völlig auszutrocknen, ohne abzusterben. Solche volle Trockenresistenz ist vor allem unter den niederen Pflanzen (Algen, Pilze, Flechten) zu finden. Meist sterben die Zellen aber unterhalb einer bestimmten Feuchtigkeit ab. In zahlreichen Arbeiten konnten verschiedene Autoren die Grenzen bestimmen, unterhalb welcher die Zellen bestimmter Pflanzen abzusterben begannen. Die Kryptogamen erwiesen sich als günstige Objekte für die Untersuchung.

Biebl (1938) hat bei verschiedenen Gezeitenalgen den Letalpunkt zwischen 98 und 83% relativer Luftfeuchtigkeit (rel. L. F.) bestimmt und dabei ökologische Beziehungen gefunden. Iljin (1931) untersuchte den Farn *Nothochlaena marantae*, Rouschal (1937) *Ceterach officinarum*, Härtel (1940) einige Hymenophyllaceen, die zwischen 90 und 75% rel. L. F. abstarben. Lange hat 1953 die Flechten genauer untersucht.

Die Lebermoose wurden in neuerer Zeit von Höfler (1942 a, b; 1945, 1950, 1954, Herzog-Höfler 1944) besonders genau auf ihre Trockenresistenz untersucht. Höfler konnte nachweisen, daß diese Trockenresistenz bei Lebermoosen von der protoplasmatischen Beschaffenheit der einzelnen Arten abhängt. Es war ihm ferner in manchen Fällen möglich, den Letalpunkt ein und derselben Art durch entsprechende Vorbehandlung zu verändern, so daß man von einer Abhärtung durch Trockenheit und einer Verweichlichung durch Feuchtigkeit sprechen kann. Abel (1956) konnte im Anschluß an diese Untersuchungen Höflers auch das Resistenzverhalten der Laubmoose klären. Auch bei diesen wurde für eine große Anzahl von Arten die Trockengrenze bestimmt.

Bei Blütenpflanzen liegt die Grenze der Resistenz im allgemeinen bei 50—60% Wasserverlust, bei Xerophyten steigt sie zuweilen bis über 80% an. Eine vollständige Austrocknungsresistenz ist aber recht selten. Die bekanntesten Beispiele dafür sind *Myrothamnus flabellifolia, Carex physodes, Ramondia Nathaliae* und die „Auferstehungspflanze" *Chamaegigas intrepidus* (Heil 1925).

Die Tatsache, daß bei höheren Pflanzen eine Austrocknung zumeist zu einem raschen Tod führt, konnte Iljin (1927, 1930, 1931, 1933, 1935) auf ein mechanisches Zerreißen des Plasmas zurückführen. Das Plasma folgt nämlich der sich bei Wasserentzug verkleinernden Vakuole rasch nach und reißt von der Zellwand los, wobei der Tod eintritt. Die Austrocknung wird um so besser ertragen, je kleiner die Zelle und die Vakuole ist. Die verschiedenen Gewebe zeigen eine unterschiedliche Austrocknungsresistenz, besonders unempfindlich sind meristematische Zellen (MILTHORPE 1950). ILJIN konnte nach Ausschaltung des Zellwandeinflusses durch Plasmolyse bei Blütenpflanzenzellen eine hohe Resistenz gegen Austrocknung feststellen (Rotkohlblätter lebten wochenlang im Exsiccator). Man muß also zwischen der Austrocknungsfähigkeit der Zelle und der des Plasmas unterscheiden.

Es ist schon lange bekannt, daß gewisse Dauerstadien (Zysten, Samen) und Teile der Pflanze eine besonders starke Austrocknungsfähigkeit besitzen. So hat schon SCHRÖDER (1886) neben zahlreichen anderen Objekten auch Samen und Sporen auf ihre Trockenresistenz untersucht. Er fand dabei oft eine beträchtliche Widerstandsfähigkeit und erwähnt, daß Pilz- und Farnsporen im trockenen Zustand oft viele Jahre keimfähig bleiben. Eine Ausnahme bildeten die grünen Sporen der Osmundaceen und Hymenophyllaceen, die ebenso wie die Equisetumsporen nach kurzer Zeit ihre Keimfähigkeit verlieren. Neuerdings hat WOLLERSHEIM (1957) die Physiologie der Sporen von *Equisetum arvense* und *Equisetum limosum* genauer untersucht. Bei feuchter Aufbewahrung waren diese Sporen etwa dreimal so lange lebensfähig als bei trockener Aufbewahrung. Gewisse Moossporen hingegen besitzen eine sehr hohe Trockenresistenz, die ihnen gestattet, nach Jahrzehnten anabiotischen Lebens ebenso zu keimen wie in frischem Zustand.

Ähnlich wie das Resistenzverhalten der Sporen verdient auch das der Pollenkörner besondere Beachtung. Dieser Frage soll meine Arbeit gewidmet sein.

## 2. Die Resistenz der Pollenkörner.

Der Blütenpollen war und ist ein Ziel sehr vieler zytologischer, morphologischer und physiologischer Arbeiten verschiedenster Fragestellungen. Es fehlt auch nicht an Untersuchungen über das Resistenzverhalten der Pollenkörner. Ich will, ohne Vollständigkeit anzustreben, nur einige Arbeiten anführen. RITTINGHAUS hatte schon 1886 die Hitze-, Kälte-, Giftstoff- und Erschütterungsresistenz des Pollens untersucht. Bengt LIDFORSS (1898) bemerkte den meist schädlichen Einfluß einer direkten Benetzung auf den Pollen, konnte aber bei Blüten mit exponierten Antheren in vielen Fällen eine Resistenz feststellen (vgl. KERNER 1873, 1898, HALLERMEIER 1922, CAMMERLOHER 1931, S. 99). LIDFORSS (1895) und JOST (1905) untersuchten den Einfluß anorganischer Salze, NIETHAMMER (1929) den von Giftstoffen. WERFFT (1951) wies die starke Schädlichkeit von Sonnenlicht (UV-Strahlen) nach.

Dem Einfluß der Luftfeuchtigkeit wurde aber nur verhältnismäßig wenig Beachtung geschenkt. Die Tatsache, daß der Blütenstaub mancher Pflanzen in trockener Luft seine Keimkraft durch längere Zeit nicht einbüßt, ist lange bekannt. So berichtet KÄMPFER bereits im Jahre 1712, daß man im Orient den Pollen von *Phönix dactylifera* an einem trockenen, dunklen Aufbewahrungsort bis zu einem Jahr befruchtungsfähig erhalten kann. Nach ZIRKLE (zit. bei VISSER 1955) war der Dattelpollen schon zur Zeit Hammurabis (ca. 2000 v. Chr.) ein Handelsartikel. GLEDITSCH (1749) und KÖLREUTER (1797) haben den Pollen von *Chamaerops humilis* in Briefumschlägen versandt, ohne nach Wochen eine Einbuße der Befruchtungsfähigkeit zu bemerken. Heute wird der Pollen mancher Pflanzen in der gärtnerischen Praxis zuweilen in Zinnschachteln verschickt, in denen sich poröse Holzphiolen mit Chlorkalzium befinden. So ausgetrocknete Pollen sind auch nach längeren Seereisen in genügender Zahl keim- und befruchtungsfähig (HOLMAN-BRUBAKER 1926, PATTERSON 1929).

Da aber bei jeder Aufbewahrungsart nach kürzerer oder längerer Zeit ein starker Rückgang und ein schließliches Erlöschen der Keimfähigkeit des Pollens festzustellen war, interessierte schon lange die Frage nach der Lebensdauer der einzelnen Pollenarten.

GÄRTNER (1844) fand, daß die Lebensdauer für die von ihm untersuchten Objekte zwischen ein und neun Tagen schwankt. Seine Vermutung, daß viele Pollen wesentlich länger am Leben bleiben können, bestätigten HOFFMANN (1871) und vor allem MANGIN (1886). Letzterer, sowie RITTINGHAUS (1886) und MOLISCH (1893) beobachteten, daß die Keimfähigkeitsdauer bei trockener Aufbewahrung zwischen ein und 80 Tagen schwankt. Zu den wenig resistenten und kurzlebigen Pollen gehören vor allem die der Gramineen; die meisten übrigen Pflanzen besitzen einen Pollen, der länger als ein Monat in trockener Luft keimfähig bleibt. Max PFUNDT (1909) konnte in einer umfassenden Arbeit (er untersuchte über 100 Arten) in etlichen Fällen eine Keimfähigkeit noch nach 150, ja sogar nach 300 Tagen (*Pinus*) feststellen. Seither fehlen derart umfangreiche Beobachtungen über die Lebensdauer des Pollens, lediglich das Verhalten der Gymnospermenpollen wurde eingehender studiert (BELAJEFF 1891, KÜHLWEIN 1937, BRANSCHEIDT 1939, KÜHLWEIN-ANHÄUSSER 1951). In den meisten Arbeiten (CRANDALL 1912, TOKUGAWA 1914, ADAMS 1916, KNOWLTON 1922, KESSELER 1930, SCHMUCKER 1933, KUHN 1938, WERFFT

1951, STEFFEN 1953 u. a.) werden bezüglich der Lebensdauer nur gelegentliche kurze Mitteilungen gemacht, welche die Ergebnisse der älteren Autoren zumeist bestätigen. Allerdings kommen auch gegensätzliche Angaben vor. So weisen KÜHLWEIN-ANHÄUSSER (1951) darauf hin, daß Angiospermenpollen nach dem Verlassen der Antheren nur kurze Zeit lebensfähig sei. SMITH (1942) gibt an, daß Pollen für physiologische Untersuchungen sofort nach dem Aufspringen der Antheren zu verwenden ist (diese Forderung stellen alle Autoren, die sich mit Pollenphysiologie befassen), da er seine Vitalität sehr rasch einbüßt (vgl. KUHN 1938). Er bezeichnet Antirrhinumpollen, der drei bis vier Stunden nach dem Öffnen der Antheren gesammelt wurde, als „old pollen", der in einer Nährlösung nur mehr wenige kurze und gekrümmte Schläuche hervorbringt. Dagegen hat WERFFT (1951) festgestellt, daß *Antirrhinum*-Pollen 62 Tage lebensfähig ist und nach 48 Tagen noch ungeschwächte Keimkraft besitzt (dies stimmt mit den Ergebnissen von PFUNDT überein).

Auf Grund dieser Widersprüche schien es geboten, die Lebensdauer des Pollens verschiedener Pflanzen unter gleichen Bedingungen vergleichend zu untersuchen.

Wie schon eingangs erwähnt, spielt für die Erhaltung der Vitalität des Pollens die Luftfeuchtigkeit eine besonders wichtige Rolle. Mit wenigen Ausnahmen ist der Pollen gegen Austrocknung nicht nur recht unempfindlich (BAUR 1917, SCHNARF 1929, S. 262, MAXIMOV 1951, S. 575), sondern es ist sogar die trockene Luft für ein langes Erhalten der Keimfähigkeit eine unerläßliche Voraussetzung. Von vielen Autoren wird auf diesen Sachverhalt immer wieder verwiesen; so etwa von RITTINGHAUS (1886), NOHARA (1913), TOKUGAWA (1914), ROEMER (1915), ADAMS (1916), HOLMAN-BRUBAKER (1926), KESSELER (1930), KAIENBURG (1950), VISSER (1955).

Es gibt aber außer der nun schon 50 Jahre alten Arbeit von Max PFUNDT (1909) keine umfassenden und vergleichenden Untersuchungen des Einflusses verschieden hoher Luftfeuchtigkeit auf die Lebensdauer des Pollens. PFUNDT hat mit Hilfe von Exsiccatoren den Pollen über Schälchen mit 30, 60 und 90% rel. Luftfeuchtigkeit aufbewahrt und festgestellt, nach wie langer Zeit keine Keimung mehr erzielt werden konnte.

Ich habe mir zur Aufgabe gestellt, den Dampfraum, besonders in den extremen Bereichen, wesentlich feiner zu unterteilen und die Überlebensrate des Pollens nach einer bestimmten Zeit (24 Stunden), aber auch in kürzeren und viel längeren Zeitspannen zu untersuchen. Außerdem war zu prüfen, ob sich Pollen von Pflanzen trockener und feuchter Standorte in ihrem Resistenzverhalten unterscheiden.

Es sei noch erwähnt, daß neben der Luftfeuchtigkeit, der wohl die ausschlaggebendste Bedeutung zukommt, noch andere Faktoren auf die Lebensdauer des Pollens großen Einfluß haben können. Hier ist an erster Stelle die Temperatur zu nennen. Eine Abkühlung auf etwa $+3^0 C$ setzt die Resistenz des Pollens erheblich herab (Lidforss 1899, Wulff 1909 u. a.). Wird aber vorgetrockneter Pollen sehr stark abgekühlt ($-20^0$ bis $-190^0 C$), so büßt er seine Keimfähigkeit jahrelang nicht ein und soll auf diese Weise fast unbegrenzt haltbar sein (Knowlton 1922, Doroschenko 1928, Bredemann u. a. 1947, Morgando[1] 1949 Alekseenko[1] 1951, McGuire[1] 1952, Tulecke[1] 1954, Duffield 1954, Visser 1955). Neuerdings haben Sato-Muto (1954) und Visser (1955) gezeigt, daß mit einer Aufbewahrung in luftleeren Gläsern eine ähnliche Wirkung erzielt werden kann.

Obwohl es durch die letztgenannten Erkenntnisse möglich ist, Pollen fast unbegrenzt lange keimfähig zu erhalten, so scheint doch die vergleichende Untersuchung seines Verhaltens bei verschiedener Luftfeuchtigkeit nicht nur von Interesse für die Physiologie und Ökologie, sondern auch für die Praxis der Gärtnerei zu sein, da eine Aufbewahrung im Vakuum oder bei sehr tiefen Temperaturen nicht immer ohne weiteres möglich sein dürfte.

Meinem verehrten Lehrer, Herrn Professor Dr. Karl Höfler, danke ich ergebenst für die Überlassung des Themas, für seine wertvollen Anregungen und seine stete Hilfe bei der Durchführung meiner Arbeit. Herrn Doz. Dr. Url danke ich herzlich für die freundliche Anfertigung sämtlicher photographischer Aufnahmen. Außerdem gebührt mein Dank Frau Dr. Fetzmann, Herrn Dr. Hübl und Herrn Universitätsgärtner Küssel, welche mir besonders bei der Materialbeschaffung behilflich waren.

## II. Methodik.

### Herstellung der Dampfspannungen.

Die zu untersuchenden Pollen sollten sich längere Zeit in einer Atmosphäre befinden, deren Luftfeuchtigkeit einen konstanten Wert aufwies. Dies war durch folgende Versuchsanordnung zu erreichen (vgl. Holle 1915, Mägdefrau 1931, Iljin 1935, Laue 1938, Biebl 1938, Härtel 1940, Höfler 1942 a, b, 1945, 1950, 1954, Abel 1956):

---

[1] Zit. von Linskens 1955: Physiologie der Organbildung, Fortschritte der Botanik **17**, S. 803.

Kleine Glasgefäße (Vol. etwa 50 ccm) wurden mit etwa 20 ccm $H_2O$, NaCl-Lösung oder $H_2SO_4$ verschiedener Konzentration gefüllt, mit einem Glasdeckel bedeckt und durch Vaseline luftdicht abgeschlossen. Nach kurzer Zeit stellt sich in solchen Kammern eine bestimmte relative Luftfeuchtigkeit (rel. L. F.) ein. Wichtig ist dabei nur die Beibehaltung einer möglichst konstanten Temperatur (20°C), da sich die rel. L. F. mit wechselnder Temperatur nicht unerheblich ändert (WALDERDORFF 1924, POHL 1937).

Die Hauptversuche wurden mit folgenden Lösungen durchgeführt (vgl. WALTER 1931):

| mol. NaCl | | 0,3 | | | | | |
|---|---|---|---|---|---|---|---|
| Vol.-% $H_2SO_4$ | 0 | 0 | 2,5 | 5 | 10 | 15 | 20 |
| % rel. L. F. | 100 | 99,07 | 97,2 | 95,5 | 90 | 82,3 | 71,6 |

| Vol.-% $H_2SO_4$ | 25 | 30 | 35 | 40 | 45 | 50 | 65 | 96 |
|---|---|---|---|---|---|---|---|---|
| % rel. L. F. | 60,2 | 48,2 | 36,5 | 25,6 | 15 | 6 | 2 | 0,08 |

Außerdem kamen für einige Versuche noch folgende Konzentrationen zur Anwendung:

a) Für die Untersuchung des extrem feuchten Bereiches (vgl MÄGDEFRAU 1931):

| mol. NaCl | 0 | 0,1 | 0,2 | 0,3 | 0,5 | 0,81 | 1,03 | 2,12 | 3,27 | 4,49 |
|---|---|---|---|---|---|---|---|---|---|---|
| | 100 | 99,68 | 99,37 | 99,07 | 98,44 | 97,47 | 96,8 | 93 | 88,3 | 83 |

b) Für die Untersuchung des extrem trockenen Bereiches:

| Vol.-% $H_2SO_4$ | 60 | 65 | 70 | 80 | 96 |
|---|---|---|---|---|---|
| % rel. L. F. | 2,5 | 2 | 0,75 | 0,15 | 0,08 |

Die Pollenkörner wurden von den frisch geöffneten Antheren mit einer Nadel auf kleine Uhrschälchen gebracht. Diese wurden (bis zu sechs) auf ein größeres gelegt, welches auf einem Glaszylinder in der Exsiccatorflüssigkeit stand. Nach kurzer Zeit war der Blütenstaub von Luft mit einer bestimmten rel. Feuchtigkeit umgeben.

## 2. Lebensnachweis.

Der verschiedener Luftfeuchtigkeit ausgesetzte Pollen mußte auf seine Vitalität untersucht werden. Einige Versuche, die Keimfähigkeit mit Hilfe von Vitalfarbstoffen (KESSELER 1930, DANGEARD 1947, 1956), Plasmolyse (vgl. GEITLER 1938, HOFMEISTER 1956), Tetrazolium (LAKON, 1942, hatte es erfolgreich zur Keimfähigkeitsprüfung von Samen verwendet) oder durch Beobachtung der Quellfähigkeit zu prüfen, zeigten, daß diese Methoden nicht besonders geeignet sind. Es wurde daher die bei pollenphysiologischen Untersuchungen seit jeher als Lebensreaktion verwendete Methode der Auskeimung im künstlichen Medium angewendet. Auch diese Methode hat Nachteile; so ist es bei etlichen Familien (z. B. Compositen, Umbelliferen, Boraginaceen) leider nicht oder nur sehr schwer möglich, den Pollen überhaupt oder in ausreichendem

Prozentsatz zum Keimen zu bringen. Ferner ist es erforderlich, die jeweils günstigste Nährlösung ausfindig zu machen, welche durchaus nicht konstant bleibt (Molisch 1893). Diesbezügliche Angaben verschiedener Autoren (u. a. Rittinghaus 1886, Molisch 1893, Pfundt 1909, Walderdorff 1924, Theron 1927, Wulff 1934, Werfft 1951, Hartmann-Dick — Müller-Stoll 1955) waren zwar recht nützlich, es ergaben sich aber bei einzelnen Arten für meine Versuchspflanzen nicht unbeträchtliche Abweichungen.

Als Nährlösungen verwendete ich Rohrzuckerlösungen (RZ-Lösungen), welche sich gegenüber Traubenzucker als günstig erwiesen (vgl. Elfving 1879). Im wesentlichen verwendete ich folgende Konzentrationen:

$$1 \quad 2.5 \quad 5 \quad 10 \quad 15 \quad 20 \quad 25 \quad 50\% \text{ Rohrzucker}$$

Außerdem kam sehr oft destilliertes Wasser zur Verwendung, in welchem der Pollen vieler Pflanzen gut keimt. Leitungswasser, in dem der Pollen nach verschiedenen Autoren (Hansgirg 1897a, b, Lidforss 1898, 1899, Tokugawa 1914, Walderdorff 1924, Brink 1925, v. Berg 1930, Branscheidt 1930, Svolba 1942) viel schlechter keimt, wurde nur probeweise verwendet; es platzten oft die Körner oder es kam zur Ausbildung nekrotischer Schläuche.

Es hätte wohl zu weit geführt, für schlecht keimende Pollen neue Nährlösungen zu suchen oder schon bekannte, meist komplizierte (Molisch 1893, Miani 1901, Lidforss 1909, Brink 1924a, b, Katz 1926, Tischler 1917 1925, Lopriore 1928 v. Berg 1930, Branscheidt 1929, 1930, 1939, Kesseler 1930, Schmucker 1933, 1935, Wulff 1934, 1935, Kühlwein 1937, 1948, Kuhn 1938, Smith 1942, Müller-Stoll 1948, Tsao 1949, Maheshvari 1949, Pohl 1951, Ehlers 1951, Bünning 1953, S. 68. Esser-Straub 1954, Linskens 1955, Visser 1955, Schneider 1956) zu verwenden.

Ich brachte meine Nährlösungen in Tropfenform auf hohlgeschliffene Objektträger (Molisch 1893, Hansgirg 1897a, b, Tischler 1910, Niethammer 1929) oder kleine Uhrschälchen (Durchmesser etwa 2 cm), und zwar ohne Deckglas. Nach Hinzufügen des Pollens wurden diese Kulturen bei etwa $20^0$ C gehalten, wenn auch oft eine Temperatur von $25$—$30^0$ C ein rascheres Keimen ermöglicht hätte (Sandsten 1909, Adams 1916, Buchholz-Blakeslee 1927, Wulff 1934, Cooper 1938, Smith 1942, Kaienburg 1950, Mikkelsen 1951, Schneider 1956), und im Halbdunkel aufbewahrt (Wulff 1909, Ruhland-Wetzel 1924, Kaienburg 1950).

Nötigenfalls wurde mit Nadeln für die regelmäßige Verteilung des Pollens im Tropfen gesorgt, da sich zuweilen gezeigt hatte, daß der Pollen an bestimmten Stellen (randlich oder in Nachbarschaft anderer Pollen) bevorzugt keimt (SCHOCH-BODMER 1936, SAVELLI 1940, KAIENBURG 1950, GOLUBINSKI 1951 und BORRISS-KROLOP 1955), an anderen Stellen wieder gar nicht oder verzögert (etwa am Grunde eines zu groß geratenen Kulturtropfens; vgl. LIDFORSS 1895, BRANSCHEID 1930, KUHN 1938, KAIENBURG 1950). Diese Tatsachen erforderten erhöhte Aufmerksamkeit, da sich auf diesem Wege leicht Verfälschungen der Resultate einschleichen konnten. Es erwies sich deshalb auch als notwendig, nach Möglichkeit die Versuche öfters zu wiederholen oder zumindest parallel zu führen und nachher die Mittelwerte zu errechnen.

Innerhalb einer Versuchsreihe war es auch erforderlich, den Pollen immer nach dem gleichen Zeitraum auf seine Keimung zu untersuchen, um zu vergleichbaren Ergebnissen zu kommen. Im Falle eines Ausbleibens der Keimung mußte nach einiger Zeit (zwei bis drei Tage) die Probe wieder überprüft werden (da oft die Keimung durch ungünstige Einflüsse nur verzögert eintritt) oder nach Möglichkeit die Konzentration der Nährlösung verändert werden (da der Pollen manchmal schon nach kurzer Zeit seine Ansprüche ändert).

Manchmal wurde ein Platzen des Pollens in der Nährlösung beobachtet (s. CAMMERLOHER 1931, S. 99). Es ändert sich dadurch die Konzentration des Mediums bei entsprechend großer Anzahl von Pollen in einem kleinen Tropfen nicht unerheblich. Die noch nicht geplatzten Körner finden plötzlich bessere Bedingungen vor und platzen nicht mehr. ja keimen sogar, aber natürlich nicht mehr in dem Medium der ursprünglichen Zusammensetzung (LIDFORSS 1899, PFUNDT 1909). Hier mußte eine höher konzentrierte Rohrzuckerlösung verwendet werden, in welcher das Platzen ausblieb und die Körner meist gut keimten.

Ein Zusatz von Gelatine oder Agar (CORRENS 1889, MANGIN 1886, MIYOSHI 1894, JOST 1907, PFUNDT 1909, SANDSTEN 1909, TOKUGAWA 1914, THERON 1927, BRANSCHEIDT 1930, FUCHS 1936, WUNDERLICH 1936, KUHN 1938, STOCKHAMMER 1946, TSAO 1949, KAIENBURG 1950, WERFFT 1951) oder Untersuchung im hängenden Tropfen (CORRENS 1889, BRINK 1924a, WALDERDORFF 1924, v. BERG 1930, BRANSCHEIDT 1930, SVOLBA 1942) und andere Methoden, wie sie bei Arbeiten anderer Fragestellungen (JOST 1905, 1907, LIDFORSS 1909, PORTHEIM-LÖWI 1909, RENNER 1919, WALDERDORFF 1924, ZIEGLER-BRANSCHEIDT 1927, CHOMISURY 1927, TRANKOWSKI 1931, PODDUBNAJA-ARNOLDI 1933, 1936, SCHOCH-BODMER 1936, KÜHLWEIN 1937, WUNDERLICH 1937, WULFF-RAGHAVAN 1938. KUHN 1938, EIGSTI 1942, MÜLLER-STOLL

4*

1948, Ehlers 1951) verwendet wurden, habe ich vermieden, da für meinen Zweck genug Material zur Verfügung stand, welches bei einfachster Versuchsanordnung reichlich keimte.

Die Geschwindigkeit des Auskeimens war für die einzelnen Objekte verschieden (Bobilioff-Preisser 1917, v. Berg 1930, Fuchs 1936, Kaienburg 1950), meist aber begann die Keimung nach etwa einer halben bis zwei Stunden und war nach etwa 12 Stunden abgeschlossen. Nach vier bis sechs Stunden war schon der größte Teil des keimungsfähigen Pollens gekeimt und hatte bereits Schläuche getrieben, deren Länge dem mehrfachen Durchmesser eines Kornes entsprach (Adams 1916, Renner 1919, Buchholz-Blakeslee 1927, Stockhammer 1946 und Ehlers 1951). Die Schläuche blieben etwa 20 Stunden in der Nährlösung am Leben (Kühlwein 1937), wobei oft sehr deutlich eine Plasmaströmung (inverser Springbrunnentyp nach Hartmann-Dick — Müller-Stoll 1955) beobachtet werden konnte. Dann begannen die Schläuche abzusterben, nachdem sie in günstigen Fällen eine Länge von über 30fachem Korndurchmesser erreicht hatten. So lange Schläuche, wie sie Müller-Stoll beobachtet hatte, konnte ich nicht sehen. Zuweilen platzte der alte Pollenschlauch auch am Ende und gab seinen Inhalt ins Medium ab oder es kam zur Ausbildung von Endbläschen (v. Berg 1930).

Als Beispiel sei angeführt, wie die Keimung bei *Tulipa hybrida* am 20. III. 1959 in 5% Rohrzuckerlösung vor sich ging:

9.30 Uhr: Pollen in die Nährlösung gebracht.

| Zeit | % gekeimt | Schlauchlänge (in Korndurchmessern D) |
|---|---|---|
| 9.45 Uhr | 6 | $^1/_4$ |
| 10.00 Uhr | 20 | bis $^1/_2$ |
| 10.20 Uhr | 50 | bis 1 |
| 10.40 Uhr | 80 | 1—2 |
| 11.50 Uhr | 80 | 2—3 |
| 12.30 Uhr | 90 | bis 5 |
| 14.30 Uhr | 95 | 10 |
| 18.30 Uhr | 95 | 15—25 (Plasma degeneriert) |
| 21. III. 8.30 Uhr | 95 | bis 25 (tote Schläuche) |

Die restlichen 5% waren steril.

Die Anzahl der ausgekeimten Körner war beim gleichen Objekt fast nie gleich. Besonders bei verschiedenen Gartenhybriden ist der Pollen zuweilen in einem hohen Prozentsatz steril (Jencic 1900, Wulff 1909, Chomisury 1927, Kaienburg 1950).

Es war daher erforderlich, bei den Versuchsprotokollen jeweils die Keimzahl der Kontrolle (K) anzuführen, um nicht zu mißverständlichen Resultaten zu kommen. Es kommt häufig vor, daß der Pollen der ersten Blüten einer Pflanze beträchtlich besser auskeimt als der der später nachfolgenden (KAWECKA 1926). HAECKEL (1951) stellte bei den Pollen der ersten Blüten eine höhere Fermentaktivität fest. Ich will einige Beispiele anführen, aus denen diese Tatsache deutlich wird. In der Tabelle bedeuten die ersten Zahlen die Keimprozente des Pollens der ersten Blüten, nach rechts folgend stehen die der späteren Blüten:

| | |
|---|---|
| Antirrhinum majus | 90, 80, 50, 40, 60, 20, 15 |
| Caltha palustris | 60, 20 |
| Campanula medium | 60, 70, 25 |
| Laburnum vulgare | 95, 50 |
| Lilium henryi | 100, 10 |
| Muscari racemosum | 50, 15 |
| Narcissus poeticus | 50, 80, 60, 25, 20 |
| Oxytropis pilosa | 65, 10 |
| Quesnelia liboniana | 80, 40 |
| Saintpaulia ionantha | 95, 40, 30, 40, 25, 20, 15 |
| Sambucus ebulus | 70, 20 |
| Tulipa hybrida | 95, 80, 70, 75, 25, 35 |
| Vinca minor | 90, 30 |

KÜHLWEIN (1937) hat gezeigt, daß Frühjahrs- und Herbstpollen hinsichtlich der RZ-Konzentration verschiedene Ansprüche stellen.

Wenn der Pollen einer Pflanze in einem Jahr gut keimte, mußte sich das nicht immer auch im nächsten Jahr wiederholen, auch wenn die Kulturbedingungen anscheinend gleich blieben und der Pollen den gleichen Reifezustand hatte und am selben Standort wuchs (LINDENBEIN 1929, KUHN 1938, SVOLBA 1942).

RENNER (1919), WALDERDORFF (1924), PODDUBNAJA-ARNOLDI (1936), KAIENBURG (1950) u. a. konnten zuweilen beobachten, daß es bei der Keimung des Pollens nicht zur Ausbildung von normalen Pollenschläuchen kam, sondern zu Gabelungen und Verzweigungen. Diese Erscheinung konnte ich im Verlauf meiner Untersuchungen ganz vereinzelt bei *Clivia nobilis*, *Sambucus ebulus* und *Corydalis cava* beobachten. Bei *Amaryllis belladonna* und *Muscari racemosum* kam es zuweilen zu einem typisch bisiphonalen Auskeimen, ähnlich wie es STEFFEN (1953) bei *Galanthus nivalis* sehen konnte (HARTMANN-DICK — MÜLLER-STOLL 1955).

Recht oft wurden in meinen Kulturen auch korkzieherartige Schläuche gefunden (vgl. Portheim-Löwi 1909, Renner 1919, Walderdorff 1924, Hartmann-Dick — Müller-Stoll 1955), ebenso keulenartige Bildungen und Blasen (vgl. Branscheidt 1930, Kühlwein 1937). In der optimalen RZ-Konzentration waren die Schläuche fast immer gerade und normal ausgebildet.

Bei zunehmendem Wachstum der Pollenschläuche konnten in manchen Fällen, die von zahlreichen Autoren (Bobilioff-Preisser 1917, Renner 1919, Branscheidt 1930, Kaienburg 1950, Haeckel 1951, Steffen 1953, Hartmann-Dick — Müller-Stoll 1955, Müller-Stoll — Lerch 1957) beschriebenen Kallosepfropfen beobachtet werden. Allerdings war die Ausbildung derselben nur bei einer verhältnismäßig geringen Zahl von Arten wirklich deutlich, so z. B. bei *Azalea hybrida, Aquilegia forma hybrida, Clivia miniata, Gentiana clusii, Hypericum perforatum, Knautia arvensis, Prunus amygdalus, Salix caprea* und *Vinca minor.* Dabei zeigte sich, daß in einer Kultur durchaus nicht in allen Schläuchen Kallose gebildet wurde. Ein Zusammenhang mit der Vorbehandlung durch verschiedene relative Luftfeuchtigkeit konnte nicht festgestellt werden. Dieser war ja auch nicht zu erwarten, da Müller-Stoll — Lerch (1957a, b) zeigen konnten, daß Kallosebildung keine Degenerationserscheinung sein muß.

In der folgenden Tabelle führe ich von ca. 500 untersuchten Pflanzen jene 120 Arten an, deren Pollen entweder in destilliertem Wasser oder in einer Rohrzuckerlösung von einer bestimmten Konzentration regelmäßig auskeimten, und welche Keimprozente im günstigsten Fall erreicht wurden.

| Arten: | in aqu. dest. gekeimt | in RZ (%) gekeimt | opt. Keim-% |
|---|:---:|:---:|:---:|
| Aesculus hippocastanum ..... | + | 1—15 | 60 |
| Agapanthus umbellatus ...... | + | 1—15 | 95 |
| Allium sphaerocephalum ..... | | 25 | 40 |
| Allium ursinum ............. | | 5 | 80 |
| Amaryllis belladonna ........ | + | | 70 |
| Amelanchier ovalis .......... | | 25 | 70 |
| Anagallis arvensis ........... | + | | 30 |
| Anemone nemorosa........... | | 15 | 30 |
| Anthericum ramosum........ | + | 1—5 | 30 |
| Anthyllis vulneraria ......... | | 10 | 40 |
| Antirrhinum majus .......... | + | 1—25 | 80 |
| Aquilegia forma hybrida ..... | | 15 | 30 |
| Astragalus cicer ............. | + | 1—10 | 75 |
| Azalea hybrida ............. | | 15 | 80 |
| Bergenia cordifolia .......... | | 15 | 30 |

| Arten: | in aqu. dest. gekeimt | in RZ (%) gekeimt | opt. Keim-% |
|---|---|---|---|
| Caltha palustris | | 5 | 80 |
| Campanula glomerata | | 5—10 | 85 |
| Campanula medium | | 10 | 90 |
| Campanula persicifolia | | 5 | 30 |
| Clematis hybrida | + | 1—10 | 15 |
| Clivia miniata | + | 1—15 | 65 |
| Clivia nobilis | + | 1—25 | 80 |
| Colchicum autumnale | + | 1 | 60 |
| Columnea microphylla | | 5 | 50 |
| Colutea arborescens | | 10 | 60 |
| Convallaria majalis | + | 1—15 | 30 |
| Coronilla varia | + | | 75 |
| Cyclamen europaeum | | 10 | 80 |
| Cyclamen persicum | + | 1—15 | 20 |
| Cytisus nigricans | + | | 30 |
| Cytisus ratisbonensis | | 50 | 90 |
| | | | |
| Delphinium cultorum | + | | 20 |
| Dictamnus albus | + | 1—10 | 70 |
| Digitalis ambigua | | 5 | 5 |
| Digitalis purpurea | + | 1—5 | 10 |
| Dipsacus silvestris | | 25 | 60 |
| | | | |
| Epilobium angustifolium | + | | 30 |
| Erica hybrida | | 5—15 | 40 |
| Erythraea Centaurium | + | | 30 |
| Erythraea uliginosa | + | | 20 |
| Euphorbia cyparissias | | 25 | 40 |
| | | | |
| Galanthus nivalis | | 5 | 20 |
| Gentiana clusii | + | 5 | 70 |
| Gentiana septemfida | + | | 10 |
| Gentiana verna | | 10 | 80 |
| | | | |
| Haemanthus brachyphyllus | + | 1—10 | 70 |
| Haemanthus katherinae | + | 1—25 | 80 |
| Helianthemum minor | + | | 40 |
| Hosta glauca | + | 1—10 | 30 |
| Hydrangea macrophylla | | 10 | 30 |
| Hypericum perforatum | | 10 | 50 |
| | | | |
| Impatiens balsamina | + | | 40 |
| Impatiens sultani | + | 1—15 | 40 |
| Iris kaempferi | + | | 50 |
| | | | |
| Kalanchoe kewensis | + | 1—5 | 70 |
| Knautia arvensis | + | 1—15 | 95 |
| | | | |
| Laburnum vulgare | + | 1—25 | 95 |
| Lathyrus megalanthus | + | 1—25 | 80 |
| Lathyrus tuberosus | + | 1—10 | 90 |
| Leucojum hiemalis | + | 1—5 | 60 |

| Arten: | in aqu. desï. gekeimt | in RZ (%) gekeimt | opt. Keim-% |
|---|---|---|---|
| Lilium henryi | + | | 95 |
| Lilium martagon | | 5 | 80 |
| Lilium regale | + | | 80 |
| Linaria vulgaris | + | 1—5 | 35 |
| Lonicera caprifolium | + | 1—15 | 20 |
| Lotus corniculatus | + | | 25 |
| Lupinus albus | + | | 70 |
| Lysimachia nummularia | | 25 | 5 |
| Lysimachia vulgaris | | 25 | 60 |
| | | | |
| Medicago sativa | + | 1—5 | 95 |
| Melilotus officinalis | | 10 | 15 |
| Monotropa hypopitys | + | | 80 |
| Monstera deliciosa | | 1 | 20 |
| Muscari racemosum | | 15—50 | 50 |
| | | | |
| Narcissus poeticus | | 10—50 | 80 |
| Nicotiana glutinosa | + | | 70 |
| Nymphaea alba | + | 1—5 | 15 |
| | | | |
| Orchis latifolia | + | | 60 |
| Orobanche ramosa | | 5 | 80 |
| Oxytropis pilosa | | 5 | 65 |
| | | | |
| Parnassia palustris | + | 1—5 | 70 |
| Petunia hybrida | + | 1—25 | 10 |
| Philadelphus coronarius | + | | 90 |
| Picea excelsa | + | 1—5 | 70 |
| Plantago lanceolata | + | | 50 |
| Plantago maritima | + | | 70 |
| Plantago media | + | 1—10 | 90 |
| Primula acaulis | + | | 40 |
| Primula malacoides | + | 1—15 | 90 |
| Primula obconica | | 1 | 70 |
| Primula officinalis | + | 1—10 | 35 |
| Prunus amygdalus | | 5 | 90 |
| Prunus armeniaca | | 5 | 40 |
| Prunus cerasus | + | 1—25 | 30 |
| Prunus domestica | + | 1—25 | 80 |
| Prunus padus | | 5 | 95 |
| Prunus persica | | 5 | 60 |
| Pirus communis | + | | 60 |
| Pirus malus | | 5 | 80 |
| | | | |
| Quesnelia liboniana | | 15 | 80 |
| | | | |
| Ranunculus ficaria | | 10 | 15 |
| Ribes nigrum | | 10 | 30 |
| Robinia pseudacacia | | 15 | 60 |
| Rosa canina | | 5 | 10 |
| | | | |
| Saintpaulia ionantha | + | 1—10 | 95 |

| Arten: | in aqu. dest. gekeimt | in RZ (%) gekeimt | opt. Keim-% |
|---|---|---|---|
| Salix caprea | + | 1—5 | 90 |
| Salix purpurea | | 5 | 60 |
| Saxifraga sarmentosa | + | | 30 |
| Sedum spurium | + | | 40 |
| Symphoricarpus racemosus | | 5 | 50 |
| Trifolium pratense | | 10 | 60 |
| Triglochin maritima | + | | 60 |
| Trollius europaeus | + | 1—15 | 90 |
| Tulipa hybrida | + | 1—15 | 95 |
| Verbascum austriacum | + | | 30 |
| Verbascum phlomoides | + | | 15 |
| Viburnum lantana | | 5 | 40 |
| Vinca minor | + | 1—25 | 90 |
| Zantedeschia aethiopica | + | | 15 |

### 3. Auswahl der Objekte.

Durch die Verwendung der Methode des Auskeimens als Lebensnachweis ergab sich von vornherein eine Einschränkung des Versuchsmaterials. Es konnten nur solche Pollen verwendet werden, welche in der Nährlösung in ausreichender Zahl und verläßlich zum Auskeimen gebracht werden konnten. Auf Grund folgender Überlegungen habe ich die Zahl der Versuchspflanzen noch weiter eingeengt. Pollen sind hinsichtlich ihres physiologischen Verhaltens recht labile Gebilde, und es ist, um zu vergleichbaren Resultaten zu kommen, zumindest nötig, für die Versuche immer Pollen von gleichem Reifezustand zu verwenden. Für meine Untersuchungen kam nur frischer Pollen in Frage, der von den eben erst geöffneten Antheren entnommen wurde. Da der Pollen von Pflanzen verschiedener Standorte oft sehr unterschiedliches Verhalten zeigt (LIDFORSS 1899, WULFF 1909, PIECH 1922, SCHOCH-BODMER 1938, ANIKIEV-GOROSCENKO 1950), aber auch verschiedene Blüten (KAWECKA 1926, SMITH 1942, SVOLBA 1942), ja selbst die Antheren einer Blüte (BRANSCHEIDT 1930, SMITH 1942) nicht immer einheitlichen Pollen hervorbringen, war es notwendig, entweder Pflanzen mit pollenreichen, großen Antheren zu untersuchen oder den Pollen verschiedener, aber anscheinend gleich alter Antheren zu vermischen (PFUNDT 1909).

Beim Transport von Freilandpflanzen ins Institut war darauf zu achten, daß nur der Pollen von solchen Antheren entnommen wurde, welche sich erst im Labor geöffnet hatten. Der Transport offenen Pollens hätte ja denselben einer schwankenden rel. Luftfeuchtigkeit ausgesetzt, welche entweder rasch zu Schäden führt oder zumindest die Versuchsergebnisse verfälscht.

Ich bevorzugte also bei meinen Versuchen Gewächshauspflanzen mit großen Antheren (meist Liliaceen) und Freilandpflanzen, deren Pollen bei raschem Transport nicht geschädigt werden konnten (besonders Leguminosen). Die untersuchten Freilandpflanzen stammten größtenteils vom **Frauenstein** (s. Härtel 1936, Hofmann 1936) oder Eichkogel bei Mödling.

## III. Versuche.

### 1. Trockenresistenzschwellen des Pollens.

Die meisten Pflanzenteile beginnen unterhalb einer bestimmten relativen Luftfeuchtigkeit (rel. L. F.) abzusterben. Es tritt eine zumeist scharfe Grenze auf, die Trockengrenze oder der Letalpunkt. Bei der Austrocknung der Pollenkörner ist eine solche Grenze nur selten klar ausgeprägt, da fast immer eine starke Austrocknung ertragen wird, ja der Pollen sogar bei stärkster Trockenheit oft seine längste Lebensdauer hat. Ich will zunächst aber solche Pollen behandeln, welche tatsächlich eine gewisse Trockengrenze besitzen (vgl. aber Abschnitt 1 c).

a) **Die Schwellen liegen im mittleren Bereich.**

Bei Pflanzen, deren Pollen über konz. Schwefelsäure nicht die längste Lebensdauer hat, war eine Resistenzschwelle bei einer bestimmten rel. L. F. zu erwarten. Bei einer Beobachtungszeit von 24 Stunden zeigte sich, daß unterhalb dieser Schwelle nicht immer alle Körner ihre Keimfähigkeit verloren hatten; der jähe Abfall der Keimprozente und die Ausbildung der Pollenschläuche zeigten die Lebensgrenze jedoch deutlich.

*Tulipa hybrida*, ein Objekt, welches größere Mengen gleichartigen Pollens liefert, der im künstlichen Medium gut keimt, zeigte deutlich einen Abfall der Keimprozente mit steigender Trockenheit.

In der folgenden Tabelle habe ich unter der Nummer der 15 verschiedenen Exsiccatoren die entsprechende rel. L. F. (aufgerundete Werte) angeführt. Die dafür verwendeten Exsiccatorflüssigkeiten sind aus der Tabelle auf Seite 49 ersichtlich. (In den später folgenden Tabellen werden nur mehr die Werte der rel. L. F. ohne die Exsiccatorennummern angeführt.) Darunter habe ich die Zahl der ausgekeimten Körner in Prozenten angegeben (abgerundete Mittelwerte), + bedeutet Keimung unter einem Prozent und — bedeutet, daß kein einziger Pollenschlauch gebildet wurde. Am linken

Rande der Tabelle sind das Versuchsdatum, die Keimprozente der Kontrolle (K) und die Versuchsdauer t (Verweilen in den Exsiccatoren in Stunden h oder Tagen d) ersichtlich.

| Exsicc.-Nr. | K | t | 1 | 2 | 3 | 4 | 5 | 6 | 7 | 8 | 9 | 10 | 11 | 12 | 13 | 14 | 15 |
|---|---|---|---|---|---|---|---|---|---|---|---|---|---|---|---|---|---|
| %rel. L. F. | | | 100 | 99 | 97 | 95 | 90 | 82 | 71 | 60 | 48 | 36 | 26 | 15 | 6 | 2 | 0,08 |
| 8. 5. 1958 | 60 | 3 h | 25 | 30 | 40 | 40 | 55 | 60 | 50 | 8 | 5 | 20 | 5 | 3 | 15 | 15 | 3 |
| 8. 5. 1958 | 40 | 4 h | 5 | 25 | 25 | 15 | 20 | 10 | 30 | 10 | 8 | 20 | + | + | + | — | — |
| 9. 5. 1958 | 60 | 5 h | 20 | 40 | 70 | 40 | 40 | 10 | 50 | 30 | 15 | 20 | — | 2 | — | — | + |
| 26. 3. 1958 | 40 | 20 h | 20 | 20 | 15 | 20 | 40 | 35 | 15 | 10 | — | — | 3 | + | 3 | — | + |
| 7. 5. 1958 | 70 | 24 h | 30 | 45 | 50 | 65 | 45 | 40 | 25 | 10 | 5 | 15 | 5 | 10 | 10 | 3 | — |
| 12. 5. 1958 | 40 | 40 h | — | 10 | 5 | 20 | 45 | + | 5 | 8 | + | + | — | — | — | — | — |
| 28. 3. 1958 | 80 | 48 h | + | 15 | 20 | 70 | 50 | 40 | 25 | 15 | 10 | 15 | — | 5 | 10 | 3 | — |
| 21. 3. 1958 | 75 | 55 h | — | 30 | 30 | 70 | 60 | 80 | + | 3 | + | + | + | 2 | + | + | — |
| 1. 4. 1958 | 85 | 70 h | + | 40 | 30 | 70 | 60 | 50 | 45 | 25 | 30 | 3 | 5 | — | 3 | — | — |
| 3. 2. 1959 | 60 | 4 d | + | 10 | 25 | 35 | 20 | 15 | 5 | 5 | — | — | + | — | — | — | — |
| 9. 2. 1959 | 40 | 10 d | — | — | — | + | 15 | 5 | 15 | 5 | 2 | 2 | + | 5 | — | — | — |

Aus der Versuchsreihe mit *Tulipa* geht hervor, daß dieser Pollen, nachdem er sich eine bestimmte Zeit in einer Atmosphäre unter 70% rel. L. F. befunden hatte, nur mehr in viel geringerer Anzahl keimt, als nach Verweilen in feuchter Luft. Nach einigen Tagen werden die Verhältnisse besonders deutlich, es beginnt sich aber auch im stark feuchten Bereich eine Schädigung immer mehr bemerkbar zu machen. Nach 10 Tagen keimen die Körner nur noch nach Aufbewahrung im optimalen Bereich (70—90% rel. L. F.) gut.

Noch deutlicher werden die Verhältnisse bei Betrachtung der Ausbildung der Pollenschläuche (beobachtet 8 Stunden nach Zusatz einer 5%igen Rohrzuckerlösung; die Werte über 95 und unter 26% rel. L. F. sind in der Tabelle nicht angeführt):

*Tulipa hybrida*
7. 5. 1958, Kontrolle zu 70% gekeimt, t = 24 h

| | | |
|---|---|---|
| 95% rel. L. F. | 65% gek., | 15 D (Pollenschlauchlänge in Korndurchmessern), gerade, normal |
| 90% rel. L. F. | 45% gek., | 10 D |
| 82% rel. L. F. | 40% gek., bis | 10 D, teilweise gewunden |
| 71% rel. L. F. | 25% gek., | 5 D, teilweise blasige Schläuche |
| 60% rel. L. F. | 10% gek., | 5 D, teilweise blasige und gewundene Schläuche |
| 48% rel. L. F. | 5% gek., | 1—4 D, blasig, Plasma oft koaguliert |
| 36% rel. L. F. | 15% gek., | bis 5 D, Nekroseerscheinungen |
| 26% rel. L. F. | 5% gek., | 1—3 D, Nekroseerscheinungen |

Mit der Abnahme der Keimfähigkeit ging also eine Zunahme verschiedener Nekroseerscheinungen und eine Verringerung der Schlauchlänge parallel.

Ähnliches Verhalten wie *Tulipa* zeigte *Clivia miniata*:

| % rel. L. F. | K | t | 100 | 99 | 97 | 95 | 90 | 82 | 71 | 60 | 48 | 36 | 26 | 15 | 6 | 2 | 0,08 |
|---|---|---|---|---|---|---|---|---|---|---|---|---|---|---|---|---|---|
| 20. 3. 1959 | *65* | 24 h | 50 | 50 | 40 | 50 | 35 | 40 | 10 | 3 | 10 | 3 | 5 | + | + | + | + |
| 28. 3. 1958 | *50* | 24 h | 2 | 30 | 10 | 10 | 10 | 15 | 10 | 30 | 10 | 20 | 10 | 5 | + | + | — |

Wenn auch hier die Schwelle in den beiden Jahren etwas verschoben war, wird doch der jähe Abfall der Vitalität ab einer bestimmten Trockenheit deutlich. Ob die abgestorbenen Körner durch die starke Austrocknung oder durch das rasche Einbringen in die Nährlösung geschädigt wurden, soll später (s. S. 65) untersucht werden.

Besonders scharf trat die Trockenresistenzschwelle bei *Plantago*-Arten auf:

*Plantago media*

| % rel. L. F. | K | t | 100 | 99 | 97 | 95 | 90 | 82 | 71 | 60 | 48 | 36 | 26 | 15 | 6 | 2 | 0,08 |
|---|---|---|---|---|---|---|---|---|---|---|---|---|---|---|---|---|---|
| 30. 8. 1958 | *80* | 6 h | 25[1] | 50 | 55 | 50 | 80 | 50 | 5 | 10 | 15 | 10 | 15 | 10 | + | — | — |
| 9. 7. 1958 | *50* | 9 h | 35[1] | 40 | 30 | 40 | 55 | 45 | 20 | + | — | + | 3 | 3 | — | — | — |
| 27. 8. 1958 | *80* | 12 h | 3 | 80 | 45 | 25 | 50 | 25 | 10 | 5 | 5 | + | + | — | + | — | — |
| 12. 7. 1958 | *40* | 15 h | 8 | 30 | 20 | 35 | 35 | 20 | 20 | 25 | 10 | 5 | — | — | — | — | — |
| 4. 7. 1958 | *70* | 24 h | 55[1] | 30 | 45 | 15 | 65 | 25 | 15 | 5 | 5 | — | — | — | — | — | — |
| 4. 6. 1958 | *20* | 24 h | 4 | 10 | 10 | 5 | 8 | 4 | 6 | 8 | 6 | + | + | + | — | — | — |
| 30. 6. 1958 | *70* | 48 h | 15[1] | 10 | 5 | 15 | 3 | — | — | + | — | — | — | — | + | — | — |

*Plantago maritima*

| % rel. L. F. | K | t | 100 | 99 | 97 | 95 | 90 | 82 | 71 | 60 | 48 | 36 | 26 | 15 | 6 | 2 | 0,08 |
|---|---|---|---|---|---|---|---|---|---|---|---|---|---|---|---|---|---|
| 17. 7. 1958 | *70* | 24 h | 3 | 40 | 40 | 30 | 15 | + | 2 | 5 | 2 | 3 | 2 | + | 5 | 5 | + |

In allen Versuchen bei *Plantago* war bereits unter 80% rel. L. F. ein starker Rückgang der Keimfähigkeit, verbunden mit Nekroseerscheinungen bei den Pollenschläuchen, festzustellen.

Das Verhalten der im trockenen Bereich nicht gekeimten Pollenkörner war weitgehend von der jeweiligen Nährlösung abhängig. Sie waren entweder geplatzt oder gequollen, geschrumpft oder unverändert. Oft war auch der Inhalt körnig und dunkel gefärbt oder von der Exine abgehoben. Wie auch immer von Aussehen, konnte der Pollen, der unter der Trockenschwelle nicht ausgekeimt war, auch nach längerer Zeit (es hätte ja lediglich eine Keimungsverzögerung auftreten können) nicht mehr auskeimen.

Es seien nun einige Arten angeführt, deren Pollen ebenfalls eine Schwelle im mittleren Bereich erkennen ließ.

---

[1] Die Auskeimung erfolgte bereits in der feuchten Kammer ohne Zusatz von Rohrzuckerlösung (s. S. 71).

| | K | t | 100 | 99 | 97 | 95 | 90 | 82 | 71 | 60 | 48 | 36 | 26 | 15 | 6 | 2 | 0,08 |
|---|---|---|---|---|---|---|---|---|---|---|---|---|---|---|---|---|---|
| *Aesculus hippocastanum* | | | | | | | | | | | | | | | | | |
| % rel. L. F. | | | 100 | 99 | 97 | 95 | 90 | 82 | 71 | 60 | 48 | 36 | 26 | 15 | 6 | 2 | 0,08 |
| 23. 5. 1958 | *60* | 24 h | 5 | 8 | 8 | 30 | 60 | 50 | 30 | 35 | 10 | 8 | 4 | 8 | 5 | + | — |
| *Amaryllis belladonna* | | | | | | | | | | | | | | | | | |
| 24. 2. 1959 | *80* | 24 h | 25 | 20 | 45 | 40 | 30 | 35 | 30 | 20 | 50 | 10 | 5 | 15 | 10 | 5 | — |
| *Astragalus cicer* | | | | | | | | | | | | | | | | | |
| 20. 6. 1958 | *75* | 24 h | 70[1] | 5 | 5 | 30 | 20 | 25 | 45 | 25 | 45 | 60 | 5 | 5 | 10 | 3 | — |
| *Campanula glomerata* | | | | | | | | | | | | | | | | | |
| 7. 7. 1958 | *85* | 24 h | 3 | 5 | 5 | 15 | 60 | 60 | 50 | 30 | 40 | 50 | 20 | + | — | — | — |
| *Haemanthus brachyphyllus.* | | | | | | | | | | | | | | | | | |
| 27. 9. 1957 | *70* | 24 h | 10 | 50 | 20 | 15 | 10 | 20 | 30 | 50 | 3 | + | 8 | + | 3 | — | — |
| *Lilium henryi.* | | | | | | | | | | | | | | | | | |
| 13. 8. 1958 | *95* | 24 h | 30 | 60 | 65 | 50 | 65 | 70 | 85 | 25 | 35 | 30 | — | 5 | — | + | — |
| *Orchis latifolia* | | | | | | | | | | | | | | | | | |
| 2. 6. 1958 | *60* | 24 h | 20 | 20 | 45 | 80 | 80 | 60 | 70 | 50 | 30 | 35 | 15 | 5 | 5 | — | + |
| *Parnassia palustris* | | | | | | | | | | | | | | | | | |
| 12. 8. 1958 | *60* | 24 h | 10 | 12 | 35 | 15 | 25 | 20 | 10 | 5 | + | — | — | — | — | — | — |
| *Triglochin maritima* | | | | | | | | | | | | | | | | | |
| 16. 7. 1958 | *60* | 24 h | 10 | 5 | 3 | 3 | — | 3 | + | — | + | — | — | — | — | — | — |
| *Vinca minor* | | | | | | | | | | | | | | | | | |
| 30. 4. 1958 | *90* | 24 h | 50 | 40 | 30 | 35 | 15 | 20 | 20 | 40 | 20 | 20 | 50 | 5 | 5 | — | |

Bei den meisten angeführten Arten ist eine Schwelle im Bereich zwischen etwa 30 und 60% rel. L. F. deutlich ausgeprägt. Trockene Luft wirkt stark hemmend auf d:e Keimung in der Kulturflüssigkeit, lediglich *Vinca minor* keimte noch bei 26% rel. L. F. zu 50% aus. *Parnassia palustris* verliert schon unter 70% seine Keimfähigkeit und *Triglochin maritima* war nur noch nach Lagerung über stark feuchter Luft ausgekeimt. (Dieser recht seltene Fall wurde von PFUNDT 1909 bei *Abutilon* und *Hippuris* beobachtet.)

In allen Fällen konnte bei Beobachtung der Pollenschläuche die schon bei *Tulipa* (S. 59) beschriebene Verminderung der Schlauchlänge und die verschiedenen Nekroseerscheinungen bei den wenigen unter der Schwelle gekeimten Körnern deutlich gesehen werden. Ich kann auf die Mitteilung dieser ausführlichen Protokolle verzichten, da das Verhalten der verschiedenen Arten ziemlich einheitlich war und die wesentlichen Unterschiede durch die Angabe der Keimprozente hinreichend erfaßt werden konnten.

Auf die Frage, ob die nach Verweilen über trockener Luft überhaupt nicht gekeimten Körner abgestorben sind oder nur vorübergehend ihre Keimkraft verloren haben, will ich am Ende des nächsten Abschnittes zurückkommen.

## b) Die Trockenresistenzschwellen liegen unter 2% rel. L. F.

Bei der Untersuchung einer größeren Menge Materials habe ich gefunden, daß der Pollen vieler Pflanzen seine Vitalität im stark trockenen Bereich (Dampfspannungen zwischen etwa 30 und 2% rel. L. F.) nicht nur nicht einbüßt, sondern daß sogar die Keimkraft gegenüber feucht aufbewahrten Pollen gefördert wird. Nach Verweilen über konz. $H_2SO_4$ jedoch war der Prozentsatz der ausgekeimten Körner bei den folgenden Objekten in der Nährlösung stark herabgesetzt.

| % rel. L. F. | K | t | 100 | 99 | 97 | 95 | 90 | 82 | 71 | 60 | 48 | 36 | 26 | 15 | 6 | 2 | 0,08 |
|---|---|---|---|---|---|---|---|---|---|---|---|---|---|---|---|---|---|
| *Agapanthus umbellatus* (s. Fig. 1, 2) | | | | | | | | | | | | | | | | | |
| 21. 4. 1958 | 80 | 24 h | 30 | 25 | 25 | 35 | 40 | 70 | 30 | 60 | 40 | 30 | 65 | 20 | 65 | 40 | + |
| 6. 5. 1958 | 95 | 4 d | 25 | 5 | 30 | 50 | 20 | 60 | 40 | 30 | 50 | 50 | 20 | 25 | 75 | 75 | — |
| *Caltha palustris* | | | | | | | | | | | | | | | | | |
| 8. 5. 1958 | 60 | 24 h | — | 5 | 5 | 5 | 5 | 20 | 40 | 15 | 20 | 20 | 20 | 8 | 30 | 80 | 2 |
| *Campanula medium* | | | | | | | | | | | | | | | | | |
| 7. 8. 1957 | 90 | 24 h | + | + | 40 | 90 | 90 | 90 | 90 | 40 | 35 | 70 | 70 | 20 | 60 | 50 | — |
| 9. 6. 1958 | 60 | 48 h | — | + | 2 | 25 | 30 | 35 | 45 | 45 | 15 | 20 | 20 | 20 | 25 | 35 | — |
| *Clivia nobilis* | | | | | | | | | | | | | | | | | |
| 11.10. 1958 | 80 | 48 h | 25 | 65 | 70 | 60 | 65 | 40 | 50 | 40 | 60 | 60 | 35 | 45 | 50 | 65 | — |
| *Columnea microphylla* | | | | | | | | | | | | | | | | | |
| 24. 1. 1958 | 50 | 24 h | — | — | + | — | — | — | — | 10 | 20 | 5 | 20 | 15 | 5 | 40 | — |
| *Haemanthus katherinae* | | | | | | | | | | | | | | | | | |
| 27. 9. 1957 | 80 | 24 h | 60 | 50 | 50 | 60 | 70 | 60 | 60 | 65 | 60 | 60 | 40 | 15 | 60 | 45 | — |
| 11. 8. 1958 | 80 | 3 d | 8 | 10 | 70 | 60 | 60 | 40 | 30 | 15 | 60 | 60 | 35 | 20 | 35 | 30 | — |
| *Lupinus albus* | | | | | | | | | | | | | | | | | |
| 12. 6. 1958 | 70 | 20 h | 10 | 5 | 15 | 20 | 35 | 40 | 25 | 35 | 50 | 65 | 45 | 50 | 35 | 50 | + |
| *Nicotiana glutinosa* | | | | | | | | | | | | | | | | | |
| 3. 12. 1958 | 70 | 24 d | — | — | — | — | — | — | + | 3 | 5 | 4 | 15 | 5 | 10 | 12 | — |
| *Saintpaulia ionantha* | | | | | | | | | | | | | | | | | |
| 14. 1. 1958 | 95 | 24 h | + | 50 | 70 | 80 | 80 | 80 | 40 | 85 | 80 | 70 | 80 | 70 | 80 | 85 | + |
| *Sambucus ebulus* | | | | | | | | | | | | | | | | | |
| 10. 7. 1958 | 70 | 24 h | 10 | 15 | 8 | 30 | 35 | 50 | 45 | 60 | 60 | 70 | 60 | 75 | 70 | 50 | 5 |
| *Sambucus niger* | | | | | | | | | | | | | | | | | |
| 4. 6. 1958 | 80 | 24 h | 50 | 10 | 15 | 40 | 35 | 30 | 50 | 60 | 15 | 45 | 35 | 60 | 70 | 60 | 2 |
| *Trollius europaeus* | | | | | | | | | | | | | | | | | |
| 9. 7. 1958 | 80 | 24 h | 5 | 15 | 10 | 70 | 60 | 75 | 75 | 70 | 55 | 40 | 50 | 35 | 35 | 30 | — |
| 14. 7. 1958 | 90 | 72 h | — | — | — | 2 | — | 5 | 20 | 45 | 40 | 10 | 45 | 45 | 70 | 7 | — |
| *Verbascum austriacum* | | | | | | | | | | | | | | | | | |
| 31. 8. 1958 | 30 | 24 h | 5 | 10 | 10 | 25 | + | + | 5 | 5 | 10 | 8 | 15 | 40 | 30 | 30 | — |

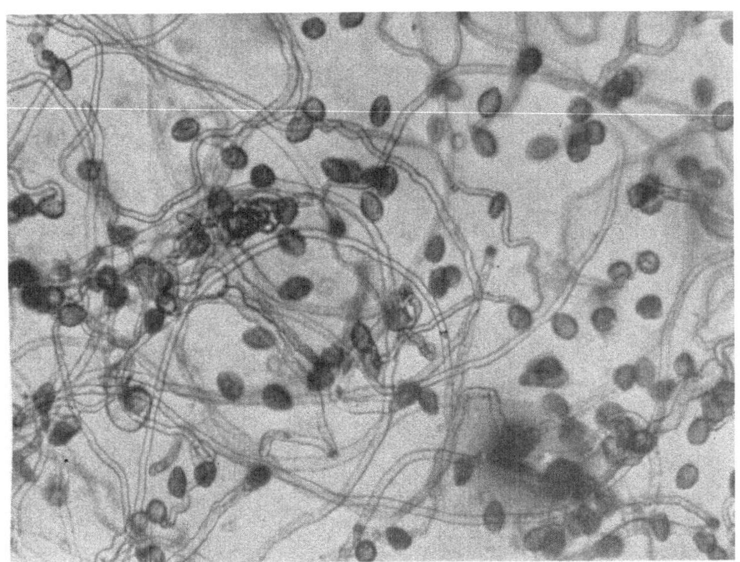

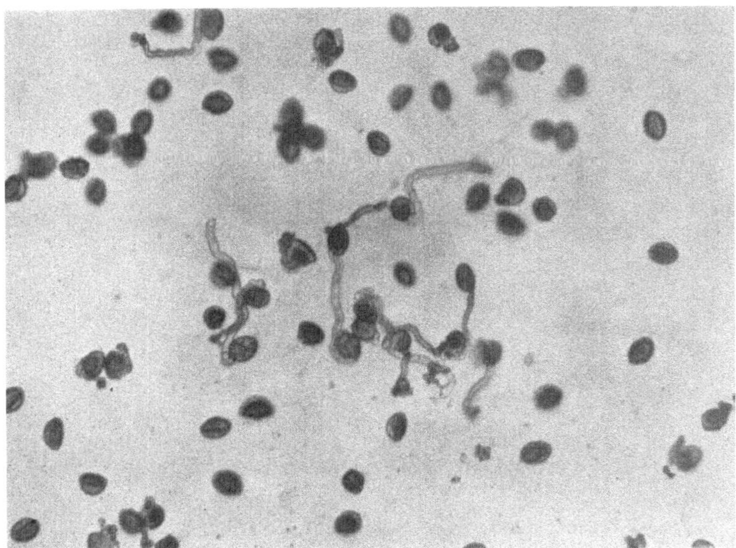

Fig. 1. *Agapanthus umbellatus*, 24 h in 2% rel. L. F., in 1% RZ zu 60% gekeimt, Schläuche normal, bis 20 D lang.

Fig. 2. *Agapanthus umbellatus*, 24 h über conc. $H_2SO_4$, in 1% RZ nur vereinzelt gekeimt, Schläuche oft nekrotisch, bis 5 D lang.

Es fällt auf, daß der Pollen der angeführten Arten eine Austrocknung bei einer rel. L. F. bis 2% (65% $H_2SO_4$) ohne Schaden erträgt, nach Aufbewahrung über konz. $H_2SO_4$ aber nur äußerst spärlich oder überhaupt nicht keimt.

Der Bereich zwischen 2 und 0,08% rel. L. F. ließ sich bei meiner Versuchsanordnung leicht in beliebig viele Zwischenstufen unterteilen; es waren nur Schwefelsäureverdünnungen von 65—96% herzustellen. Für die Hauptversuche hielt ich aber die 15 Stufen zwischen 0,08 und 100% rel. L. F. für ausreichend. Trotzdem wurde an Einzelversuchen das Verhalten des Pollens im stark trockenen Bereich näher untersucht. Dazu wurden als Exsiccatorflüssigkeiten folgende Vol.-% $H_2SO_4$ verwendet:

| Vol.-% $H_2SO_4$ | 65 | 70 | 80 | 96 |
|---|---|---|---|---|
| % rel. L. F. | 2 | 0,75 | 0,15 | 0,08 |

Bei *Amaryllis belladonna* brachte der Hauptversuch folgendes Ergebnis:

| | K | t | | | | | | | | | | | | | | | |
|---|---|---|---|---|---|---|---|---|---|---|---|---|---|---|---|---|---|
| % rel. L. F. | | | 100 | 99 | 97 | 95 | 90 | 82 | 71 | 60 | 48 | 36 | 26 | 15 | 6 | 2 | 0,08 |
| 24. 2. 1959 | 60 | 24 h | 20 | 25 | 30 | 20 | 30 | 20 | 20 | 15 | 15 | 10 | 15 | 15 | 10 | 10 | — |

Bei der Unterteilung des extrem trockenen Bereiches zeigte sich folgendes:

| | K | t | | | | |
|---|---|---|---|---|---|---|
| % rel. L. F. | | | 2 | 0,75 | 0,15 | 0,08 |
| 24. 2. 1959 | 60 | 24 h | 10 | 5 | 5 | — |

*Saintpaulia ionantha* zeigte ähnliches Verhalten:

| | K | t | | | | | | | | | | | | | | | |
|---|---|---|---|---|---|---|---|---|---|---|---|---|---|---|---|---|---|
| % rel. L. F. | | | 100 | 99 | 97 | 95 | 90 | 82 | 71 | 60 | 48 | 36 | 26 | 15 | 6 | 2 | 0,08 |
| 14. 4. 1959 | 80 | 48 h | — | 8 | 8 | 60 | 40 | 70 | 50 | 60 | 50 | 50 | 60 | 70 | 60 | 50 | 10 |

Das Verhalten im extrem trockenen Bereich war folgendes:

| | K | t | | | | |
|---|---|---|---|---|---|---|
| % rel. L. F. | | | 2 | 0,75 | 0,15 | 0,08 |
| 14. 4. 1959 | 80 | 48 h | 45 | 40 | 30 | 5 |

Diese Versuche (und eine größere Anzahl weiterer, auf deren Mitteilung ich aber verzichte) haben ergeben, daß bei einer großen Anzahl von Pflanzen der Pollen eine sehr starke Austrocknung durch mindestens ein bis zwei Tage verträgt, daß aber ein Aufenthalt über konz. $H_2SO_4$ zu einer rapiden Abnahme und zu einem baldigen Erlöschen der Keimfähigkeit führt. Die Tatsache der Keimunfähigkeit dieses Pollens läßt auf eine weitgehende Störung im physiologischen Verhalten desselben schließen. Es soll nun näher betrachtet werden, ob es sich nur um einen vorübergehend latenten Lebenszustand handelt oder ob der Pollen abgestorben ist.

Da die Lebensfähigkeit des Pollens mit Hilfe der Methode des Auskeimens festgestellt wurde, mußte für jeden untersuchten Pollen die optimale Nährlösung ausfindig gemacht werden. Wenn diese gefunden war, wurde der Pollen aus allen 15 Exsiccatoren mit derselben versetzt und sein Auskeimen beobachtet. Es ist nun bekannt, daß ein irgendwie ungünstig beeinflußter oder auch gealterter Pollen langsamer keimt als frisch den Antheren entnommener. Aus diesem Grunde wurde Pollen, welcher nicht in der gewohnten Zeit (nach 8 Std.) auskeimte, noch durch mehrere Tage beobachtet. Bei dem starker Trockenheit ausgesetzten Pollen konnte aber auch dann kein Auskeimen beobachtet werden. Nun wäre es auch leicht möglich gewesen, daß dieser Pollen lediglich seine Ansprüche hinsichtlich des Kulturmediums geändert hätte und beispielsweise nur mehr in einer Rohrzuckerlösung von höherer Konzentration auskeimt (wie dies tatsächlich bei nicht mehr frischem Pollen öfters der Fall ist). Der Pollen aus Exsiccator Nr. 15 (96%ige $H_2SO_4$) wurde also nach Möglichkeit in mehrere Portionen geteilt und mit verschiedenen Kulturlösungen versetzt. Aber auch dann konnte keine Keimung festgestellt werden.

Trotzdem ließen aber diese Versuche immer mehr die Vermutung aufkommen, daß ein gewisser Prozentsatz des nicht keimenden Pollens nicht abgestorben sei. Während nämlich bei Zusatz von Wasser die Körner meist platzten (vgl. LIDFORSS 1898, 1899, HANSGIRG 1897a, b) oder sich der Inhalt von der Exine abhob, war bei Verwendung von schwachen Rohrzuckerlösungen ein Aufquellen vieler Körner zu bemerken. Bei starken RZ-Konzentrationen blieben die Körner meist unverändert.

HÖFLER (1942a, 1945, 1950, 1954) hatte bei der Untersuchung der Austrocknungsresistenz von Lebermoosen die Stämmchen zwischen Austrocknung und Wiederbenetzung ganz vorsichtig in feuchter Luft aufgeweicht. Meine Pollen aber waren, nachdem ich sie einige Zeit in die feuchte Kammer gebracht hatte, zu einem großen Teil geplatzt, es schien, als wäre auch diese Methode für die empfindlichen Pollenkörner zu wenig behutsam. Ich brachte daher den über konz. $H_2SO_4$ ausgetrockneten Pollen, bevor ich ihn mit RZ-Lösung versetzte, wieder zurück in die 15 verschiedenen Dampfräume. Dies war selbstverständlich nur bei sehr reichlichem Pollenmaterial möglich. Die Ergebnisse dieser Versuche will ich nun mitteilen.

## c) Rückführung des vorgetrockneten Pollens in die Dampfspannungsreihe.

*Amaryllis belladonna* besitzt einen Pollen, welcher durch längere Zeit in allen Dampfräumen seine Keimkraft behält, lediglich über konz. $H_2SO_4$ geht sie bereits nach kürzester Zeit stark zurück und erlischt bald.

| | K | t | | | | | | | | | | | | | | |
|---|---|---|---|---|---|---|---|---|---|---|---|---|---|---|---|---|
| % rel. L. F. | | | 100 | 99 | 97 | 95 | 90 | 82 | 71 | 60 | 48 | 36 | 26 | 15 | 6 | 2 0,08 |
| 23. 2. 1959 | *60* | 5 h | 45 | 35 | 30 | 55 | 50 | 40 | 45 | 45 | 50 | 45 | 55 | 40 | 20 | 10 3 |
| 24. 2. 1959 | *60* | 24 h | 25 | 20 | 45 | 40 | 30 | 35 | 30 | 20 | 50 | 10 | 5 | 25 | 15 | 10 + |

Es wurde nun der Pollen aus dem Exsiccator mit 0,08% rel. L. F., der nach 5 Stunden nur mehr zu 3% keimte, 19 Stunden lang in die 15 verschiedenen Dampfräume gebracht. Bei einer neuerlichen Keimprüfung zeigte sich folgendes Ergebnis:

| % rel. L. F. | 100 | 99 | 97 | 95 | 90 | 82 | 71 | 60 | 48 | 36 | 26 | 15 | 6 | 2 0,08 |
|---|---|---|---|---|---|---|---|---|---|---|---|---|---|---|
| % gekeimt | 25 | 25 | 35 | 30 | 25 | 30 | 15 | 12 | 15 | 10 | 8 | 8 | 5 | 10 5 |

*Amaryllis*-Pollen, der nach 24stündiger Austrocknung über konz. $H_2SO_4$ nur noch einzelne Schläuche trieb, brachte nach Rückübertragung in die Reihe (48 Stunden) ebenfalls guten Keimerfolg:

| % rel. L. F. | 100 | 99 | 97 | 95 | 90 | 82 | 71 | 60 | 48 | 36 | 26 | 15 | 6 | 2 0,08 |
|---|---|---|---|---|---|---|---|---|---|---|---|---|---|---|
| % gekeimt | 25 | 20 | 25 | 15 | 10 | 10 | 5 | 5 | 5 | 10 | 12 | 5 | 15 | 3 + |

In beiden Fällen brachte besonders die hohe Luftfeuchtigkeit eine deutliche Reaktivierung des ausgetrockneten Pollens. Die auch jetzt nicht ausgekeimten Körner dürften wohl irreversibel geschädigt worden sein.

Es war nun von Interesse, festzustellen, ob sich auch die im Kapitel 1 a behandelten Pollen, welche bereits nach weniger starker Austrocknung ihre Keimfähigkeit verloren, nur in einem Stadium tiefster Ruhe befanden, oder ob es zu einer bleibenden Schädigung gekommen war.

Als Versuchsobjekt erwies sich hier *Clivia miniata* recht günstig. Nach 24 Stunden war bei etwa 40% rel. L. F. eine deutliche Schwelle erkennbar, unterhalb welcher der Pollen nur mehr vereinzelt keimte.

Der zu untersuchende *Clivia*-Pollen wurde drei Tage über konz. $H_2SO_4$ aufbewahrt (eine Kontrolle brachte nur wenige kurze Schläuche) und dann 24 Stunden in die Reihe rückgeführt. Ergebnis:

| % rel. L. F. | 100 | 99 | 97 | 95 | 90 | 82 | 71 | 60 | 48 | 36 | 26 | 15 | 6 | 2 0,08 |
|---|---|---|---|---|---|---|---|---|---|---|---|---|---|---|
| % gekeimt | 5 | 60 | 45 | 20 | 30 | 10 | 25 | 5 | 10 | 10 | 20 | 8 | 10 | 15 + |

Um etwaige Versuchsfehler auszuschließen, wurde dieser wichtige Versuch mehrmals wiederholt, brachte aber im wesentlichen immer das gleiche Ergebnis.

So keimte der Pollen von *Clivia miniata*, der 21 Tage über konz. $H_2SO_4$ aufbewahrt wurde (und welcher in keiner Nährlösung mehr auskeimte) nach drei Tagen Verweilen in der Dampfspannungsreihe noch recht gut:

| % rel. L. F. | 100 | 99 | 97 | 95 | 90 | 82 | 71 | 60 | 48 | 36 | 26 | 15 | 6 | 2 | 0,08 |
|---|---|---|---|---|---|---|---|---|---|---|---|---|---|---|---|
| % gekeimt | + | 10 | 5 | 5 | 25 | 30 | 30 | 30 | 30 | 5 | + | + | 3 | 5 | — |

Die vorsichtige Wiederanfeuchtung mit einer Luft von etwa 50—90% rel. Feuchtigkeit brachte also noch 30% des durch 3 Wochen ausgetrockneten *Clivia*-Pollens zum Auskeimen.

Auch der *Clivia*-Pollen, der seine Keimfähigkeit bereits nach Aufbewahrung über 50% $H_2SO_4$ (d. i. 15% rel. L. F.) fast ganz verloren hatte, konnte durch die Methode der vorsichtigen Anfeuchtung noch teilweise zum Keimen gebracht werden.

Diese Ergebnisse haben wohl deutlich gezeigt, daß es sich beim Verlust der Keimfähigkeit des Pollens nach Austrocknung zum größten Teil nur um eine reversible Beeinträchtigung der Keimfähigkeit handelt. Der Pollen dürfte sich dabei in einem ähnlich latenten Lebenszustand befinden, wie jener, welcher nach Vortrocknung extrem niedrigen Temperaturen ($-20$ bis $-180^0$C) ausgesetzt wurde und so jahrelang lebend erhalten blieb. (Bredemann usw. 1947, Visser 1955; Duffield 1954 mußte diesen Pollen einige Zeit in einer Atmosphäre von höherer Luftfeuchtigkeit und Temperatur lagern, um wieder gute Keimung zu erzielen.)

## d) Trockenresistenzschwellen im Dauerversuch.

Bei Betrachtung der Keimfähigkeit nach 24stündiger Einwirkung von trockener Luft war aufgefallen, daß eine große Anzahl von Pollen über konzentrierter $H_2SO_4$ dieselbe weitgehend eingebüßt hatten. Es gab auch eine Reihe von Pflanzen, deren Pollen bereits von weniger trockener Luft beeinträchtigt wurde. In beiden Fällen wurde jedoch gezeigt, daß nicht sämtliche Körner abgestorben waren, sondern ein Teil nach entsprechender Vorbehandlung wieder zur Keimung gebracht werden konnte. Es war nun von Interesse, den Einfluß der Trockenheit auf den Pollen nach verschieden langen Zeitspannen zu untersuchen.

In der folgenden Tabelle habe ich nur den Bereich unter 15% rel. L. F. berücksichtigt. K (Kontrolle) bedeutet wieder die Keimprozente des unbehandelten frischen Pollens in der Kulturflüssigkeit. t ist die Versuchsdauer (Dauer der Austrocknung im Exsiccator) in Stunden h oder Tagen d.

| | K | t | % rel. L. F. | | | | 
|---|---|---|---|---|---|---|
| % rel. L. F. | | | 15 | 6 | 2 | 0,08 |
| % $H_2SO_4$ | | | 45 | 50 | 65 | 96 |
| *Clivia miniata* | | | | | | |
| 15. 4. 1958 | *50* | 5 h | 15 | 15 | 10 | + |
| 28. 3. 1958 | *50* | 24 h | 5 | + | + | — |
| *Clivia nobilis* | | | | | | |
| 21. 10. 1958 | *80* | 48 d | 45 | 50 | 65 | — |
| 31. 10. 1958 | *80* | 3 d | 30 | 25 | 25 | — |
| 31. 10. 1958 | *80* | 5 d | 30 | 20 | 20 | — |
| 24. 10. 1958 | *80* | 7 d | 5 | 5 | 2 | — |
| 10. 4. 1958 | *80* | 10 d | — | — | — | — |
| *Colutea arborescens* | | | | | | |
| 20. 6. 1958 | *60* | 24 h | 65 | 40 | 15 | — |
| 23. 6. 1958 | *60* | 72 h | 20 | 5 | 3 | — |
| *Cyclamen persicum* | | | | | | |
| 13. 11. 1958 | *10* | 24 h | 8 | 8 | 3 | + |
| 5. 11. 1958 | *20* | 4 d | 10 | 15 | 10 | — |
| 12. 12. 1958 | *15* | 7 d | 5 | 3 | + | — |
| 2. 1. 1959 | *15* | 18 d | 2 | 1 | 5 | — |
| 20. 1. 1959 | *15* | 40 d | + | 3 | + | — |
| *Dipsacus silvestris* | | | | | | |
| 23. 8. 1958 | *60* | 3 h | 40 | 60 | 60 | 60 |
| 22. 8. 1958 | *60* | 25 h | 65 | 40 | 40 | — |
| *Epilobium angustifolium.* | | | | | | |
| 1. 10. 1958 | *30* | 24 h | 20 | 10 | 15 | 5 |
| 2. 10. 1958 | *30* | 48 h | 3 | + | 2 | — |
| *Erythraea uliginosa* | | | | | | |
| 17. 7. 1958 | *30* | 24 h | 10 | 2 | 25 | — |
| 18. 7. 1958 | *30* | 48 h | — | — | — | — |
| *Haemanthus katherinae* | | | | | | |
| 23. 8. 1958 | *60* | 3 h | 50 | 60 | 10 | + |
| 27. 9. 1957 | *80* | 24 h | 45 | 60 | 45 | — |
| 11. 8. 1958 | *80* | 3 d | 20 | 35 | 30 | — |
| 13. 8. 1958 | *80* | 5 d | 10 | 5 | 2 | — |
| 27. 8. 1958 | *80* | 7 d | 5 | 3 | — | — |
| *Impatiens sultani* | | | | | | |
| 13. 10. 1958 | *40* | 48 d | 20 | 5 | 5 | — |
| 16. 10. 1958 | *40* | 7 d | + | 2 | 2 | — |
| 21. 10. 1958 | *40* | 12 d | — | — | — | — |
| *Lathyrus megalanthus* | | | | | | |
| 8. 7. 1958 | *80* | 7 h | 40 | 45 | 20 | 8 |
| 10. 7. 1958 | *80* | 72 h | 40 | 30 | — | + |
| 31. 7. 1958 | *80* | 12 d | 35 | 2 | + | — |

| % rel. L. F. | K | t | 15 | 6 | 2 | 0,08 |
| --- | --- | --- | --- | --- | --- | --- |
| % H$_2$SO$_4$ | | | 45 | 50 | 65 | 96 |
| *Lathyrus tuberosus* | | | | | | |
| 18. 6. 1958 | 90 | 5 h | 90 | 75 | 40 | 15 |
| 27. 6. 1958 | 90 | 48 h | 60 | 60 | 50 | 10 |
| *Lilium henryi* | | | | | | |
| 5. 8. 1958 | 95 | 7 h | 30 | 20 | + | — |
| 13. 8. 1958 | 95 | 44 h | 2 | 2 | 2 | + |
| 6. 8. 1958 | 95 | 4 d | + | 3 | — | — |
| *Lilium regale* | | | | | | |
| 3. 7. 1958 | 80 | 18 h | 55 | 30 | 15 | — |
| 7. 7. 1958 | 80 | 50 h | 45 | 30 | 25 | — |
| 31. 7. 1958 | 80 | 12 d | 10 | 5 | — | — |
| *Lupinus albus* | | | | | | |
| 14. 6. 1958 | 70 | 22 h | 30 | 20 | 20 | 3 |
| 14. 6. 1958 | 70 | 40 h | 20 | 10 | 5 | — |
| 13. 6. 1958 | 70 | 4 d | 4 | 10 | — | — |
| *Narcissus poeticus* | | | | | | |
| 14. 1. 1958 | 50 | 12 h | 10 | 5 | 5 | 10 |
| 15. 1. 1958 | 50 | 24 h | 5 | 10 | 5 | — |
| *Nicotiana glutinosa* | | | | | | |
| 3. 12. 1958 | 70 | 24 d | 10 | 12 | 25 | — |
| 12. 12. 1958 | 70 | 35 d | 5 | — | — | — |
| *Nymphaea alba* | | | | | | |
| 14. 7. 1958 | 15 | 24 h | 10 | 20 | 15 | — |
| 16. 7. 1958 | 15 | 3 d | + | + | — | — |
| *Orobanche ramosa* | | | | | | |
| 16. 7. 1958 | 80 | 12 h | 70 | 75 | 70 | 30 |
| 12. 7. 1958 | 80 | 24 h | 40 | 45 | 45 | 30 |
| 17. 7. 1958 | 80 | 48 h | 20 | 30 | 20 | 5 |
| *Oxytropis pilosa* | | | | | | |
| 11. 7. 1958 | 65 | 24 h | 10 | 50 | 15 | 5 |
| 1. 8. 1958 | 65 | 12 d | 8 | 5 | 30 | + |
| *Parnassia palustris* | | | | | | |
| 20. 8. 1958 | 70 | 12 h | 45 | 35 | 45 | 15 |
| 18. 8. 1958 | 40 | 48 h | 5 | 20 | 10 | 3 |
| 14. 4. 1958 | 70 | 4 d | — | — | — | — |
| *Philadelphus coronarius* | | | | | | |
| 11. 6. 1958 | 90 | 2 h | 70 | 60 | 50 | 45 |
| 11. 6. 1958 | 90 | 10 h | 65 | 80 | 15 | 8 |
| 9. 6. 1958 | 90 | 48 h | 60 | 45 | 30 | 2 |
| *Prunus cerasus* | | | | | | |
| 2. 1. 1959 | 30 | 3 d | 10 | 10 | 6 | + |
| 20. 1. 1959 | 30 | 25 d | 1 | 1 | + | — |

| | **K** | t | 15 | 6 | 2 | 0,08 |
|---|---|---|---|---|---|---|
| % rel. L. F. | | | 15 | 6 | 2 | 0,08 |
| % $H_2SO_4$ | | | 45 | 50 | 65 | 96 |
| *Saintpaulia ionantha* | | | | | | |
| 20. 5. 1958 | *60* | 8 h | 50 | 40 | 75 | 15 |
| 8. 11. 1958 | *80* | 24 h | 30 | 35 | 25 | 5 |
| 16. 6. 1958 | *95* | 44 h | 40 | 35 | 40 | 2 |
| 28. 10. 1958 | *80* | 3 d | 40 | 35 | 45 | 5 |
| 24. 10. 1958 | *95* | 4 d | 75 | 15 | 5 | 8 |
| 29. 10. 1958 | *95* | 8 d | 35 | 50 | 15 | — |
| 3. 12. 1958 | *95* | 26 d | 15 | 35 | 60 | — |
| *Trollius europaeus* | | | | | | |
| 9. 7. 1958 | *90* | 2 h | 65 | 55 | 70 | 30 |
| 9. 7. 1958 | *90* | 8 h | 65 | 35 | 45 | 25 |
| 10. 7. 1958 | *90* | 16 h | 50 | 40 | 35 | 20 |
| 10. 7. 1958 | *90* | 20 h | 50 | 45 | 35 | 2 |
| 10. 7. 1958 | *90* | 24 h | 35 | 35 | 30 | — |
| *Verbascum austriacum* | | | | | | |
| 31. 8. 1958 | *30* | 24 h | 40 | 30 | 20 | — |
| 3. 9. 1958 | *30* | 48 h | 25 | 5 | 20 | — |
| 3. 9. 1958 | *30* | 4 d | 20 | + | 10 | — |
| *Verbascum phlomoides* | | | | | | |
| 1. 7. 1958 | *15* | 24 h | 3 | 8 | 5 | + |
| 27. 9. 1958 | *15* | 48 h | 3 | 2 | 4 | + |
| 4. 7. 1958 | *15* | 4 d | — | 5 | + | — |

Bei diesen Versuchen kam deutlich zum Ausdruck, wie rasch die Keimfähigkeit über konz. $H_2SO_4$ erlischt. So war

| | |
|---|---|
| *Allium ursinum* | nach 8 Stunden |
| *Antirrhinum majus* | nach 8 Stunden |
| *Campanula medium* | nach 10 Stunden |
| *Clivia miniata* | nach 5 Stunden |
| *Colutea arborescens* | nach 6 Stunden |
| *Haemanthus katherinae* | nach 3 Stunden |
| *Lathyrus megalanthus* | nach 17 Stunden |
| *Lilium henryi* | nach 7 Stunden |
| *Lilium martagon* | nach 16 Stunden |
| *Lilium regale* | nach 16 Stunden |
| *Plantago media* | nach 6 Stunden |
| *Salix caprea* | nach 3 Stunden |
| *Salix purpurea* | nach 6 Stunden |

Verweilen über konz. $H_2SO_4$ nicht mehr keimfähig. Bei vielen anderen Arten (wie etwa *Aesculus hippocastanum, Agapanthus umbellatus, Epilobium angustifolium, Parnassia palustris, Sedum spurium* u. a.) ging die Keimfähigkeit erst nach etwa 24 Stunden über $H_2SO_4$ verloren.

Nur selten wurde der Aufenthalt in der **Kammer** mit konz. $H_2SO_4$ (entspricht 0,08% rel. L. F.) von einem kleinen Prozentsatz der Pollen mehrere Tage ertragen:

| Arten | Versuchsdauer | % gekeimt | Kontrolle |
|---|---|---|---|
| Antirrhinum majus | 4 d | 5 | 60 |
| Colchicum autumnale | 4 d | 5 | 60 |
| Cyclamen europaeum | 12 d | 4 | 80 |
| Oxytropis pilosa | 12 d | + | 65 |
| Parnassia palustris | 3 d | 5 | 70 |
| Plantago lanceolata | 4 d | 5 | 50 |
| Saintpaulia ionantha | 4 d | 8 | 95 |
| Salix caprea | 6 d | 10 | 90 |

Die starke Trockenheit zwischen zwei und sechs Prozent rel. L. F. wirkte sich unterschiedlich aus. Es genügten aber zumeist wenige Tage, um die Zahl der keimfähigen Körner beträchtlich herabzusetzen.

In einigen wenigen Fällen jedoch wurde bei Pollen, die sich normalerweise wie oben beschrieben verhielten, ein plötzliches, reichliches Auskeimen auch nach stärkster Austrocknung beobachtet:

*Plantago lanceolata*

| | $K$ | $t$ | | | | | | | | | | | | | |
|---|---|---|---|---|---|---|---|---|---|---|---|---|---|---|---|
| % rel. L. F. | | | 100 | 99 | 97 | 95 | 90 | 82 | 71 | 60 | 48 | 36 | 26 | 15 | 6 | 2 | 0,08 |
| 1. 8. 1958 | 50 | 12 d | — | — | — | — | — | — | + | 2 | 3 | 3 | 35 | 10 | 5 | 5 | 50 |

Es stellte sich dabei heraus, daß der Pollen aus dem Exsiccator mit 0,08% rel. L. F. zufällig nicht ganz mit der Rohrzuckerlösung bedeckt worden war. Der frei auf dem Objektträger (oder Uhrschälchen) liegende Pollen war also längere Zeit nur der feuchten Luft in der feuchten Kammer ausgesetzt. Der Tropfen der RZ-Lösung breitete sich langsam weiter aus und bedeckte schließlich auch diesen Pollen, welcher nun gut keimte, da er nur allmählich angefeuchtet worden war.

Mit Hilfe der Methode der schonenden Feuchtigkeitszufuhr, auf die schon oben (S. 65) hingewiesen wurde, gelang es nachzuweisen, daß auch der durch längere Zeit hindurch (über konz. $H_2SO_4$) völlig ausgetrocknete Pollen teilweise wieder zum Keimen gebracht werden kann:

| Arten | Versuchsdauer | % gekeimt | Kontrolle |
|---|---|---|---|
| Amaryllis belladonna | 9 d | 50 | 75 |
| Amaryllis belladonna | 27 d | 10 | 75 |
| Bergenia cordifolia | 35 d | 8 | 70 |
| Clivia nobilis | 45 d | 55 | 80 |
| Prunus amygdalus | 20 d | 70 | 90 |
| Saintpaulia ionantha | 20 d | 70 | 85 |
| Salix caprea | 17 d | 60 | 90 |
| Tulipa hybrida | 30 d | 2 | 60 |

In Ergänzung zu Kapitel 1 c, wo Pollen, der nach 24stündigem Austrocknen über konz. $H_2SO_4$ erst nach vorsichtigem Anfeuchten wieder zum Keimen gebracht werden konnte, wird aus diesen letzten Ergebnissen deutlich, daß auch nach mehreren Wochen der Pollen vieler Pflanzen über konz. $H_2SO_4$ nicht abgestorben ist. Im Gegenteil, es ist ein ziemlich großer Prozentsatz noch keimfähig und die Pollenschläuche erreichen eine ziemliche Länge, ohne die verschiedenen Nekroseerscheinungen, die oft bei hoher Luftfeuchtigkeit auftreten, zu zeigen[1]. So war *Clivia*-Pollen, nachdem er 45 Tage im Exsiccator aufbewahrt wurde, noch zu 55% keimfähig, gegenüber 80% beim völlig frischen Pollen.

Aus diesen letzteren Ergebnissen darf jedoch nicht geschlossen werden, daß der Pollen aller Pflanzen seine längste Lebensdauer über konz. $H_2SO_4$ hat, denn auch im lufttrockenen Zustand (frei im Zimmer liegend, nach ILJIN 1939, etwa 50—60% rel. L. F.) ist der Pollen sehr lange lebensfähig:

| Arten | Versuchsdauer | % gekeimt | Kontrolle |
|---|---|---|---|
| Bergenia cordifolia .............. | 10 d | 40 | 70 |
| Clivia miniata................... | 14 d | 60 | 80 |
| Prunus amygdalus .............. | 6 d | 70 | 90 |
| Salix caprea ................... | 16 d | 40 | 90 |

Anscheinend genügt also schon eine Austrocknung in Zimmerluft, um den Pollen in einen inaktiven Zustand zu bringen, welcher die Lebensdauer beträchtlich verlängert. Um solchen Pollen wieder zum Keimen zu bringen, ist vor dem Einbringen in die Kulturflüssigkeit ein vorsichtiges Aufweichen in feuchter Luft nötig.

## 2. Feuchtigkeitsresistenz des Pollens.

### a) Der Pollen keimt in feuchter Luft aus.

MOLISCH (1893) konnte bei dem Pollen einiger Pflanzen beobachten, daß er frei auf dem Objektträger liegend in der feuchten Kammer auskeimte und sogar Schläuche trieb. Diese Beobachtung wurde später auch von anderen Autoren bestätigt (HANSGIRG 1897a, b; RENNER 1919, KÜHLWEIN 1937).

Auch bei meinen Untersuchungen fand ich eine Gruppe von Pflanzen, deren Pollen bei sehr hoher Luftfeuchtigkeit auskeimt,

---

[1] Falls nekrotische Schläuche auftraten, war dies vielleicht auch auf den Wechsel der Ansprüche des Pollens hinsichtlich der RZ-Konzentration zurückzuführen.

ohne daß eine RZ-Lösung oder auch nur Wasser zugeführt werden braucht (die mit [1] bezeichneten Werte in der folgenden Tabelle):

*Allium sphaerocephalum*

| % rel. L. F. | K | t | 100 | 99 | 97 | 95 | 90 | 80 | 71 | 60 | 48 | 36 | 26 | 15 | 6 | 2 | 0,08 |
|---|---|---|---|---|---|---|---|---|---|---|---|---|---|---|---|---|---|
| 28. 8. 1958 | *40* | 24 h | 80[1] | 40[1] | 60 | 25 | 20 | 10 | 3 | 10 | 10 | 30 | 10 | 15 | 3 | + | — |
| 29. 8. 1958 | *40* | 48 h | 80[1] | 40[1] | 5 | 5 | 2 | + | 5 | 3 | 5 | 5 | 10 | 20 | 5 | 5 | — |

Dazu ist zu bemerken, daß in den beiden feuchtesten Kammern der Pollen innerhalb der Versuchszeit (24 bzw. 48 h) ausgekeimt war und lange Schläuche getrieben hatte, welche nach Beendigung des Versuches bereits wieder abgestorben waren. Bei Zusatz von Kulturflüssigkeit erwiesen sich die restlichen nicht ausgekeimten Körner in den beiden Exsiccatoren als tot. Beim Versuch vom 28. 8. 1958 setzten sich die 60% des über 2,5% $H_2SO_4$ (97% rel. L. F.) ausgekeimten Pollens aus etwa 35% Pollen zusammen, welcher in der feuchten Luft ausgekeimt war; die übrigen 25% waren erst nach Zusatz von Kulturflüssigkeit ausgekeimt. Mit weiter steigender Trockenheit war kein Auskeimen in den Exsiccatoren mehr festzustellen; die Keimung erfolgte erst, wie immer, nach Zusatz von Kulturflüssigkeit.

Ein ähnliches Verhalten zeigte *Lathyrus tuberosus*:

| % rel. L. F. | K | t | 100 | 99 | 97 | 95 | 90 | 80 | 71 | 60 | 48 | 36 | 26 | 15 | 6 | 2 | 0,08 |
|---|---|---|---|---|---|---|---|---|---|---|---|---|---|---|---|---|---|
| 10. 6. 1958 | *95* | 24 h | 80[1] | 50 | 70 | 50 | 65 | 90 | 80 | 70 | 70 | 45 | 70 | 35 | 30 | 15 | 15 |

Über $H_2O$ war der Pollen bereits in der feuchten Luft ausgekeimt, in den anderen Exsiccatoren aufbewahrt, erfolgte die Keimung erst nach Hinzufügen der Nährlösung (s. Fig. 3 u. 4).

Das direkte Auskeimen in feuchter Luft konnte ich noch bei folgenden Objekten beobachten (wie oben gilt auch hier: die mit [1] bezeichneten Werte der Keimprozente über hoher Luftfeuchtigkeit — zwischen 95 und 100% — bedeuten Auskeimung in der Kammer ohne Zusatz von Kulturflüssigkeit. Die übrigen Keimprozente wurden erst im Kulturmedium erzielt. Die mit [2] bezeichneten Werte bedeuten, daß die Keimung teilweise im Medium, teilweise schon in der feuchten Luft erfolgt ist):

| % rel. L. F. | K | t | 100 | 99 | 97 | 95 | 90 | 82 | 71 | 60 | 48 | 36 | 26 | 15 | 6 | 2 | 0,08 |
|---|---|---|---|---|---|---|---|---|---|---|---|---|---|---|---|---|---|

*Allium ursinum*

| % rel. L. F. | K | t | 100 | 99 | 97 | 95 | 90 | 82 | 71 | 60 | 48 | 36 | 26 | 15 | 6 | 2 | 0,08 |
|---|---|---|---|---|---|---|---|---|---|---|---|---|---|---|---|---|---|
| 14. 5. 1958 | *80* | 24 h | 50[1] | 30[1] | 10[2] | 5 | 5 | 35 | 5 | 15 | 5 | 10 | 3 | 20 | 50 | + | — |

*Astragalus cicer:* siehe Seite 61

*Colutea arborescens*

| % rel. L. F. | K | t | 100 | 99 | 97 | 95 | 90 | 82 | 71 | 60 | 48 | 36 | 26 | 15 | 6 | 2 | 0,08 |
|---|---|---|---|---|---|---|---|---|---|---|---|---|---|---|---|---|---|
| 9. 7. 1958 | *60* | 24 h | 60[1] | 60[1] | 75[2] | 5 | 3 | — | 2 | + | 3 | 10 | 30 | 35 | 15 | 15 | + |

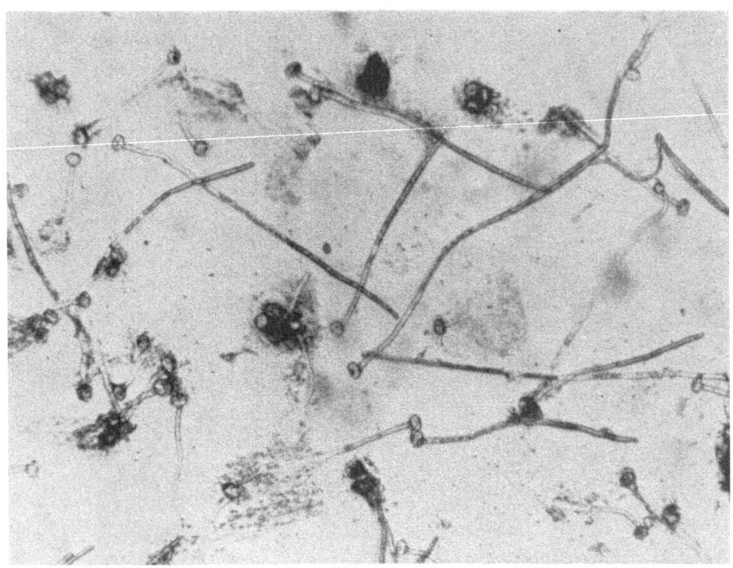

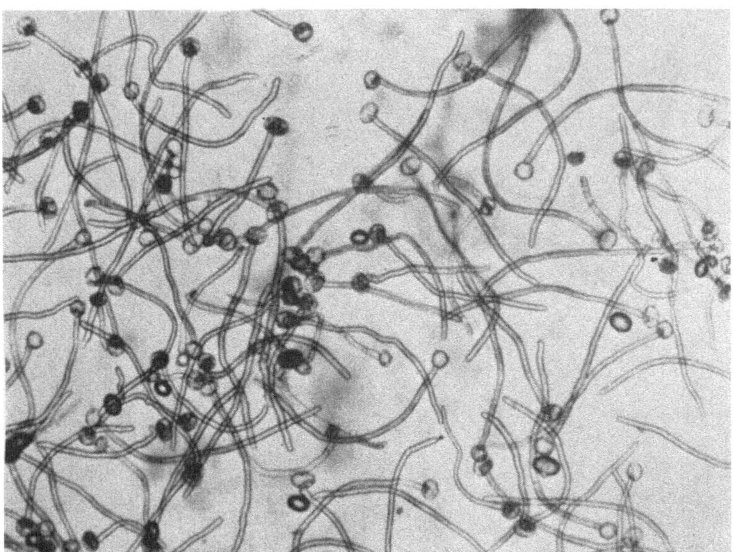

Fig. 3. *Lathyrus tuberosus*, 24 h über $H_2O$, direkt in feuchter Luft gekeimt und nach Erreichung einer stattlichen Länge abgestorben.
Fig. 4. *Lathyrus tuberosus*, 24 h in 95% rel. L. F., in 5% RZ zu 70% ausgekeimt, Schläuche normal, bis 15 D lang.

| % rel. L. F. | K | t | 100 | 99 | 97 | 95 | 90 | 80 | 71 | 60 | 48 | 36 | 26 | 15 | 6 | 2 | 0,08 |
|---|---|---|---|---|---|---|---|---|---|---|---|---|---|---|---|---|---|
| *Gentiana septemfida* | | | | | | | | | | | | | | | | | |
| 16. 7. 1958 | *10* | 40 h | $10^1$ | + | + | + | + | 8 | 8 | 4 | 10 | 5 | 5 | 2 | 3 | 2 | 5 |
| *Laburnum vulgare* | | | | | | | | | | | | | | | | | |
| 14. 5. 1958 | *95* | 24 h | $70^1$ | $45^1$ | $15^2$ | $20^2$ | + | + | 3 | 10 | 30 | 60 | 20 | 30 | 60 | — | — |
| *Plantago maritima* | | | | | | | | | | | | | | | | | |
| 16. 7. 1958 | *70* | 16 h | $10^1$ | $60^1$ | $50^1$ | $35^1$ | $20^2$ | + | 5 | 10 | + | 5 | 10 | 5 | 3 | 5 | 3 |
| *Plantago media:* siehe Seite 60 | | | | | | | | | | | | | | | | | |
| *Plantago lanceolata* | | | | | | | | | | | | | | | | | |
| 4. 9. 1958 | *50* | 48 h | $50^1$ | $20^1$ | $70^1$ | $10^2$ | 5 | 5 | 5 | 8 | 8 | 5 | 5 | 8 | 8 | 8 | 5 |
| 7. 7. 1958 | *50* | 72 h | $30^1$ | $40^1$ | $20^1$ | + | 3 | — | — | — | 2 | 20 | 10 | 3 | 5 | 15 | 2 |

Bei *Aquilegia, Hypericum perforatum* und *Robinia pseudacacia* wurde von mir ebenfalls Auskeimen in feuchter Luft beobachtet.

Im übrigen scheint die Zahl der Pflanzen, deren Pollen in feuchter Luft auskeimen, recht gering zu sein (MOLISCH hatte 17 Arten angegeben).

Von einer Feuchtigkeitsresistenz darf aber in diesen Fällen wohl nicht gesprochen werden, da ja der auskeimende Pollen bald abstirbt und zu keiner Befruchtung führt. Bei *Corydalis cava, Polygonatum multiflorum* und *Vinca minor* konnte ich ein Auskeimen des Pollens auf den Antheren beobachten (vgl. HANSGIRG 1897).

## b) Der Pollen wird durch hohe Luftfeuchtigkeit geschädigt.

Der oft schädliche Einfluß einer direkten Benetzung des Pollens wurde schon von LIDFORSS (1895, 1898) und HANSGIRG (1897 a, b) genau untersucht, er wird in meinen Untersuchungen nicht näher behandelt. Die Tatsache, daß feuchte Luft die Lebensdauer des Pollens vermindert, ist schon lange bekannt. So hat PFUNDT (1909) gezeigt, daß eine Luft von 90%iger Feuchtigkeit die Vitalität des Pollens fast aller Pflanzen (außer *Abutilon, Hippuris* und Gramineen) deutlich herabsetzt.

Ich stellte mir nun die Aufgabe, die Reaktion des Pollens auf Feuchtigkeit zwischen 90 und 100% genauer zu untersuchen. Es werden solch hohe Dampfspannungen im Freiland ja nicht selten erreicht (in den Morgenstunden, nach Regen; vgl. WALTER 1931, GEIGER 1942).

| Arten: | % rel. L. F. | | K | t | 100 | 99 | 97 | 95 | 90 |
|---|---|---|---|---|---|---|---|---|---|
| Aesculus hippocastanum.. | 23. 5. | 1958 | 55 | 24 h | 2 | 2 | 2 | 40 | 30 |
| Agapanthus umbellatus .. | 17. 4. | 1958 | 80 | 24 h | 3 | 5 | 30 | 40 | 35 |
| Antirrhinum majus ...... | 27. 9. | 1958 | 60 | 48 h | 5 | 10 | 15 | 45 | 50 |
| Anthericum ramosum .... | 20. 8. | 1958 | 30 | 24 h | — | 10 | 8 | 15 | 10 |
| Bergenia cordifolia ...... | 17. 4. | 1958 | 30 | 24 h | 3 | 3 | 5 | 5 | 15 |
| Campanula glomerata.... | 7. 7. | 1958 | 85 | 24 h | 3 | 5 | 5 | 15 | 60 |
| Campanula medium ..... | 9. 8. | 1957 | 90 | 24 h | — | 20 | 30 | 60 | 90 |
| Caltha palustris (s. S. 62) | | | | | | | | | |
| Clivia nobilis............ | 21. 4. | 1958 | 50 | 24 h | 3 | 25 | 15 | 15 | 25 |
| Colchicum autumnale .... | 29. 8. | 1958 | 60 | 40 h | 3 | 25 | 40 | 60 | 40 |
| Colutea arborescens ..... | 29. 5. | 1958 | 60 | 72 h | + | + | 5 | 20 | 15 |
| Convallaria majalis ...... | 2. 5. | 1957 | 80 | 48 h | 3 | 10 | 30 | 50 | 70 |
| Coronilla varia ......... | 2. 10. | 1958 | 75 | 24 h | 3 | 25 | 45 | 40 | 30 |
| Cytisus ratisbonensis .... | 28. 5. | 1957 | 60 | 48 h | — | + | 5 | 30 | 40 |
| Dipsacus silvestris ....... | 20. 8. | 1958 | 60 | 24 h | + | + | + | + | 35 |
| Erythraea vulgare ....... | 17. 7. | 1958 | 30 | 24 h | — | + | 5 | 5 | 15 |
| Hosta glauca ........... | 13. 6. | 1958 | 30 | 24 h | 5 | 10 | 30 | 20 | 20 |
| Laburnum vulgare....... | 4. 6. | 1957 | 90 | 48 h | 10 | 20 | 60 | 40 | 80 |
| Lathyrus megalanthus ... | 9. 7. | 1958 | 80 | 24 h | 5 | 15 | 10 | 25 | 30 |
| Lilium martagon (s. Fig. 5 u. 6)........... | 17. 6. | 1958 | 80 | 16 h | 5 | 35 | 30 | 75 | 55 |
| Lupinus albus........... | 14. 6. | 1958 | 70 | 22 h | 8 | 15 | 20 | 40 | 55 |
| Medicago sativa......... | 20. 6. | 1958 | 80 | 24 h | 20 | 25 | 30 | 30 | 50 |
| Monotropa hypopitys .... | 5. 7. | 1958 | 80 | 24 h | 20 | 70 | 70 | 75 | 80 |
| Narcissus poeticus ....... | 20. 6. | 1957 | 60 | 72 h | + | 10 | 30 | 40 | 50 |
| Orchis latifolia .......... | 2. 6. | 1958 | 60 | 24 h | 20 | 20 | 45 | 80 | 80 |
| Orobanche ramosa ...... | 12. 7. | 1958 | 80 | 24 h | 5 | 10 | 45 | 65 | 50 |
| Philadelphus coronarius .. | 19. 6. | 1958 | 90 | 24 h | 5 | 25 | 35 | 25 | 40 |
| Picea excelsa ........... | 20. 5. | 1958 | 70 | 24 h | + | + | 30 | 35 | 60 |
| Prunus padus........... | 12. 5. | 1957 | 85 | 24 h | 5 | 10 | 30 | 75 | 80 |
| Salix caprea ........... | 16. 4. | 1958 | 80 | 24 h | 4 | 20 | 25 | 30 | 20 |
| Sambucus ebulus........ | 16. 7. | 1958 | 70 | 48 h | — | + | + | 5 | 50 |
| Symphoricarpus racemosus ........... | 18. 7. | 1958 | 50 | 24 h | 10 | 20 | 40 | 20 | 25 |
| Trollius europaeus....... | 9. 7. | 1958 | 80 | 24 h | 5 | 15 | 10 | 70 | 60 |
| Tulipa hybrida.......... | 28. 3. | 1958 | 60 | 30 h | 2 | 5 | 25 | 30 | 30 |
| Verbascum phlomoides... | 27. 9. | 1958 | 15 | 48 h | — | — | + | 3 | 3 |
| Vinca minor ........... | 5. 5. | 1957 | 90 | 72 h | — | — | 50 | 70 | 50 |

Ich habe von den angeführten Pflanzen selbstverständlich auch das Verhalten des Pollens im Bereich unter 90% rel. L. F. (bis 0,08%) untersucht. Die Werte sind wegen der besseren Übersicht in dieser Tabelle nicht enthalten, aber, soweit von Interesse, an anderer Stelle angeführt.

Um die Schädigung im Dampfraum über 95% rel. L. F. noch genauer untersuchen zu können, stellte ich mir einige feuchte Kammern mit verschiedenen NaCl-Konzentrationen her.

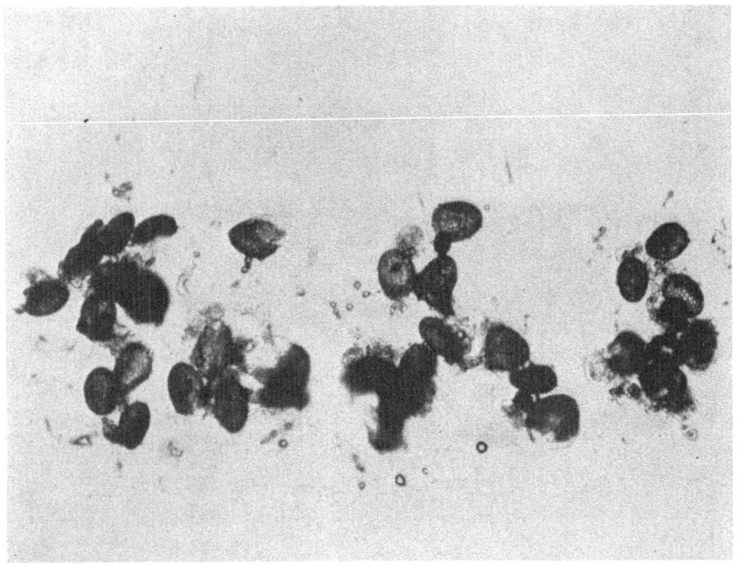

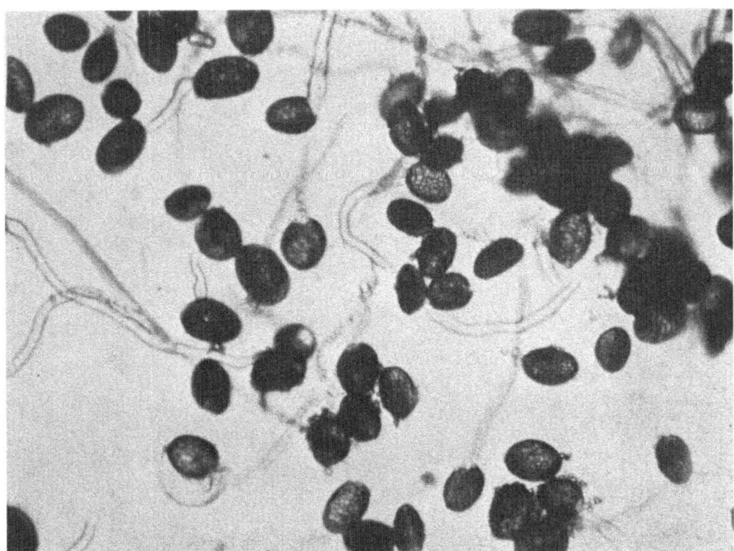

Fig. 5. *Lilium martagon*, 38 h über $H_2O$, in 5% RZ wohl teilweise gekeimt, aber nur sehr kurze nekrotische Schläuche.

Fig. 6. *Lilium martagon*, 38 h in 99% rel. L. F., in 5% RZ zu 50% gekeimt, Schläuche meist normal 5—10 D lang.

| mol. NaCl | | 0 | 0,1 | 0,2 | 0,3 | 0,5 | 0,8 | 1,0 | 2,0 |
| % rel. L. F. | | 100 | 99,7 | 99,4 | 99 | 98,5 | 97,5 | 96,8 | 93 |
| --- | --- | --- | --- | --- | --- | --- | --- | --- | --- |
| Cyclamen persicum | 48 h | + | + | + | — | 5 | 10 | 30 | 60 |
| Gentiana clusii | 48 h | — | + | 5 | 20 | 5 | 10 | 80 | 70 |
| Kalanchoe kewensis | 8 d | — | — | + | — | + | + | 20 | 15 |
| Laburnum vulgare | 72 h | 5 | + | 5 | 10 | 5 | 15 | 60 | 60 |
| Muscari racemosum | 24 h | — | — | 40 | 40 | 50 | 40 | 60 | 70 |
| Primula officinalis | 24 h | — | — | 15 | 15 | 30 | 80 | 40 | 60 |
| Tulipa hybrida | 72 h | — | — | 5 | 30 | 40 | 60 | 50 | 60 |
| Vinca minor | 72 h | — | — | — | — | + | 50 | 70 | 80 |

Diese Versuche wurden in den Monaten April und Mai 1957 durchgeführt. Wieder wurde der besonders schädliche Einfluß einer Luftfeuchtigkeit von über 97% bis 98% deutlich. *Kalanchoe kewensis* scheint am empfindlichsten zu sein, wogegen *Muscari racemosum* noch nach Behandlung mit 99,4% rel. L. F. zu 40% auskeimt.

Wenn auch die einzelnen Objekte durch extrem hohe Luftfeuchtigkeit verschieden rasch und verschieden stark geschädigt wurden, so läßt sich doch in einem Punkt eine überraschende Übereinstimmung erkennen. Die Schädigung wird nämlich meistens erst über 95 bzw. 97% rel. L. F. (5 bzw. 2,5% $H_2SO_4$) besonders auffällig. Bei 90% rel. L. F. war die Schädigung bei einer Beobachtungszeit von 24 Stunden (diese Zeitspanne wurde im Hauptversuch aus Gründen der Vergleichbarkeit möglichst beibehalten) nur selten deutlich. Allerdings gab es einige Fälle, bei denen der Pollen auch schon nach kurzer Zeit eine Schädigung durch weniger extreme Feuchtigkeit erfuhr:

| | K | t | | | | | | | | | | | | | | |
| % rel. L. F. | | | 100 | 99 | 97 | 95 | 90 | 82 | 71 | 60 | 48 | 36 | 26 | 15 | 6 | 2 | 0,08 |
| --- | --- | --- | --- | --- | --- | --- | --- | --- | --- | --- | --- | --- | --- | --- | --- | --- | --- |
| *Columnea microphylla* | | | | | | | | | | | | | | | | | |
| 14. 1. 1958 | 50 | 24 h | — | — | + | — | — | — | — | 10 | 20 | 5 | 20 | 15 | 5 | 40 | — |
| *Haemanthus brachyphyllus* | | | | | | | | | | | | | | | | | |
| 27. 8. 1958 | 70 | 24 h | 5 | 2 | 25 | 20 | 5 | 5 | 35 | 60 | 45 | 65 | 70 | 70 | 40 | 25 | 20 |
| *Hypericum perforatum* | | | | | | | | | | | | | | | | | |
| 13. 6. 1958 | 20 | 24 h | 4 | 3 | 5 | 2 | 5 | 5 | 15 | 12 | 12 | 25 | 20 | 15 | 10 | 20 | 12 |
| *Monstera deliciosa* | | | | | | | | | | | | | | | | | |
| 25. 11. 1957 | 20 | 24 h | — | — | — | — | — | — | — | 5 | 20 | 5 | 10 | 5 | — | — | — |
| *Primula obconica* | | | | | | | | | | | | | | | | | |
| 8. 10. 1957 | 70 | 24 h | 5 | + | + | + | 5 | 40 | 50 | 20 | 10 | 15 | 10 | 40 | 60 | 15 | 15 |

Bei meinen Versuchen wurden nur verhältnismäßig wenige Pflanzen gefunden, deren Pollen nach 24stündigem Verweilen in

feuchter Luft noch keine deutliche Verminderung der Keimprozente zeigte:

| % rel. L. F. | K | t | 100 | 99 | 97 | 95 | 90 | 82 | 71 | 60 | 48 | 36 | 26 | 15 | 6 | 2 | 0,08 |
|---|---|---|---|---|---|---|---|---|---|---|---|---|---|---|---|---|---|
| *Colchicum autumnale* | | | | | | | | | | | | | | | | | |
| 27. 8. 1958 | *40* | 24 h | 35 | 30 | 40 | 35 | 20 | 15 | 15 | 30 | 10 | 25 | 20 | 20 | 10 | 15 | 20 |
| *Gentiana verna* | | | | | | | | | | | | | | | | | |
| 18. 7. 1958 | *80* | 24 h | 45 | 30 | 50 | 60 | 50 | 70 | 60 | 75 | 60 | 80 | 60 | 65 | 60 | 40 | 45 |
| *Haemanthus katherinae* | | | | | | | | | | | | | | | | | |
| 29. 8. 1958 | *80* | 24 h | 50 | 60 | 60 | 75 | 55 | 50 | 50 | 65 | 70 | 60 | 80 | 60 | 45 | 35 | — |
| *Lathyrus tuberosus* | | | | | | | | | | | | | | | | | |
| 20. 6. 1958 | *90* | 24 h | 70 | 40 | 40 | 50 | 75 | 50 | 45 | 80 | 65 | 75 | 85 | 75 | 75 | 40 | 15 |
| *Lilium regale* | | | | | | | | | | | | | | | | | |
| 5. 7. 1958 | *80* | 24 h | 70 | 60 | 60 | 40 | 20 | 70 | 70 | 50 | 70 | 70 | 80 | 70 | 50 | 20 | — |
| *Saintpaulia ionantha* | | | | | | | | | | | | | | | | | |
| 15. 6. 1958 | *80* | 24 h | 75 | 75 | 50 | 55 | 60 | 40 | 40 | 55 | 35 | 25 | 20 | 35 | 35 | 40 | 8 |
| *Sedum spurium* | | | | | | | | | | | | | | | | | |
| 14. 7. 1958 | *40* | 24 h | 50 | 50 | 30 | 40 | 20 | 5 | 10 | 5 | 15 | 10 | 40 | 25 | 15 | 10 | — |
| *Vinca minor* | | | | | | | | | | | | | | | | | |
| 30. 4. 1958 | *90* | 24 h | 50 | 40 | 30 | 35 | 15 | 25 | 10 | 40 | 20 | 20 | 50 | 5 | 5 | — | — |

Die nach Verweilen in feuchter Luft gekeimten Pollenschläuche waren aber nur in den seltensten Fällen normal ausgebildet. Fast immer war eine beträchtliche Abnahme der Schlauchlänge zu beobachten; damit verbunden waren die verschiedensten
Nekroseformen, wie etwa

Windung der Schläuche (s. Fig. 8)
Blasen- und Keulenbildung (s. Fig. 7)
Platzen am Schlauchende
Vorzeitiges Absterben des Inhaltes u. a.

Ob außerdem vielleicht auch die generativen Kerne geschädigt
wurden, ist von mir nicht untersucht worden.

Als Beispiele für die Schädigungen seien nun einige Protokolle
ausführlicher mitgeteilt:

*Agapanthus umbellatus*

| 100% rel. L. F.: | 3% gek. | 1—2 D (Pollenkorndurchmesser) nekrotische Schläuche |
|---|---|---|
| 99% rel. L. F.: | 5% gek. | 1—4 D teilweise gewunden |
| 97% rel. L. F.: | 30% gek. | 6 D am Ende oft geplatzt |
| 95% rel. L. F.: | 40% gek. | 10 D teilweise gewunden |
| 90% rel. L. F.: | 35% gek. | 8 D schöne Schläuche |
| (48% rel. L. F.: | 50% gek. | 20 D schöne gerade Schläuche) |

17. 4. 1958; nach 24 Stunden, in der Kontrolle 60% gekeimt.

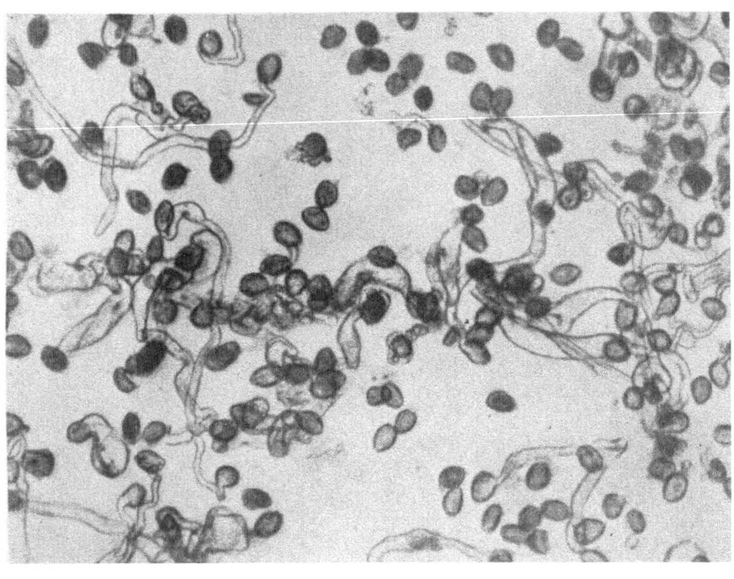

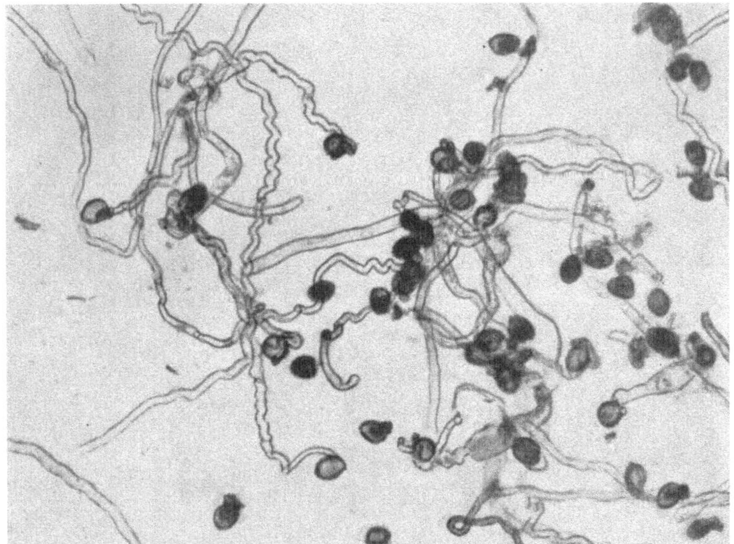

Fig. 7. *Agapanthus umbellatus*, 20 h in 99% rel. L. F., in 10% RZ zu 35% gekeimt, 3—8 D lang, blasig-keulige Schläuche.

Fig. 8. *Agapanthus umbellatus*, 20 h in 90% rel. L. F., in 10% RZ zu 60% gekeimt, oft über 10 D lang, keulige und gewundene Schläuche.

Bemerkung: in dem Bereich von 80—2% rel. L. F aufbewahrt, erfolgt normale Pollenschlauchbildung.

*Antirrhinum majus*

100% rel. L. F.:  5% gek.        4 D stark gewundene nekrotische Schläuche
99% rel. L. F.: 10% gek.        4 D sehr schlecht gekeimt
97% rel. L. F.: 15% gek.   bis 7 D oft Blasen
95% rel. L. F.: 45% gek.        8 D noch teilweise gewunden
90% rel. L. F.: 50% gek.   8—10 D meist normale Schläuche
    27. 9. 1958; nach 48 Stunden, in der Kontrolle 60% gekeimt.

*Campanula glomerata*

100% rel. L. F.:  3% gek.        2 D oft blasig, bald abgestorben
99% rel. L. F.:  5% gek.    1—4 D nekrotische Schläuche
97% rel. L. F.:  5% gek.    3—6 D gewunden
95% rel. L. F.: 15% gek.   5—10 D gewunden
90% rel. L. F.: 60% gek.   bis 15 D fast alle Schläuche normal
    7. 7. 1958; nach 24 Stunden, in der Kontrolle 85% gekeimt.

*Colchicum autumnale*

100% rel. L. F.:  2% gek.        1 D blasige Schläuche
99% rel. L. F.:  6% gek.    2—3 D nekrotisch, meist abgestorbene
97% rel. L. F.: 15% gek.        4 D häufig gewunden
95% rel. L. F.: 45% gek.        8 D teilweise gewunden, oft keulig
90% rel. L. F.: 40% gek.   bis 10 D ziemlich normale Schläuche
    29. 9. 1958; nach 48 Stunden, in der Kontrolle 50% gekeimt.

*Trollius europaeus*

100% rel. L. F.: 30% gek.        5 D nekrotische Schläuche
99% rel. L. F.: 35% gek.    5—8 D oft gewunden
97% rel. L. F.: 30% gek.        6 D gewunden
95% rel. L. F.: 40% gek.       10 D sehr gut gekeimt
90% rel. L. F.: 75% gek.  10—20 D schöne normale Schläuche
    10. 7. 1958; nach 20 Stunden, in der Kontrolle 90% gekeimt.

Besonders günstig erwies sich die genauere Beobachtung der Ausbildung der Pollenschläuche, wenn die Keimprozente nach Aufbewahrung des Pollens bei verschiedener rel. L. F. keine auffälligen Differenzen aufwiesen:

*Haemanthus katherinae*

100% rel. L. F.: 60% gek.   bis 3 D nekrotische Schläuche
99% rel. L. F.: 40% gek.        3 D nekrotische Schläuche
97% rel. L. F.: 70% gek.        5 D teilweise gewundene Schläuche
95% rel. L. F.: 60% gek.        5 D häufig gewunden
90% rel. L. F.: 75% gek.   8—10 D Pollenschläuche ziemlich normal
    5. 8. 1958; nach 18 Stunden, in der Kontrolle 80% gekeimt.

*Lathyrus tuberosus*

100% rel. L. F.: 50% gek.       15 D normale Schläuche
99% rel. L. F.: 50% gek.       20 D gut gekeimt
97% rel. L. F.: 55% gek.  25—35 D gut gekeimt
95% rel. L. F.: 65% gek.   bis 40 D sehr schöne Schläuche
    17. 6. 1958; nach 26 Stunden, in der Kontrolle 90% gekeimt.

*Philadelphus coronarius*

| 100% rel. L. F.: 30% gek. | 3—5 D sehr stark gewunden |
| 99% rel. L. F.: 35% gek. | 5 D oft gewundene Schläuche |
| 97% rel. L. F.: 45% gek. | 8 D oft gewundene Schläuche |
| 95% rel. L. F.: 25% gek. | 6 D teilweise gewunden |
| 90% rel. L. F.: 50% gek. | 10 D schöne lange Schläuche |

9. 6. 1958; nach 48 Stunden, in der Kontrolle 90% gekeimt.

Einen positiven Einfluß schien hohe Luftfeuchtigkeit nur bei *Parnassia palustris* auszuüben. Bei *Triglochin maritima* fehlen Kontrollen und Beobachtungen durch längere Zeit, so daß meine Einzelbeobachtung keine weiteren Schlüsse zuläßt.

| % rel. L. F. | K | t | 100 | 99 | 97 | 95 | 90 | 82 | 71 | 60 | 48 | 36 | 26 | 15 | 6 | 2 | 0,08 |
|---|---|---|---|---|---|---|---|---|---|---|---|---|---|---|---|---|---|
| *Parnassia palustris* | | | | | | | | | | | | | | | | | |
| 27. 8. 1958 | 60 | 25 h | 40 | 25 | 30 | 5 | 10 | 5 | 5 | 5 | + | 3 | 5 | 5 | 10 | 5 | — |
| *Triglochin maritima* | | | | | | | | | | | | | | | | | |
| 16. 7. 1958 | 60 | 24 h | 10 | 5 | 3 | 3 | — | 3 | + | — | + | — | — | — | — | — | — |

Interessanterweise zeigte *Antirrhinum*-Pollen, welcher nach Regen eingesammelt wurde, ähnliches Verhalten:

| % rel. L. F. | K | t | 100 | 99 | 97 | 95 | 90 | 82 | 71 | 60 | 48 | 36 | 26 | 15 | 6 | 2 | 0,08 |
|---|---|---|---|---|---|---|---|---|---|---|---|---|---|---|---|---|---|
| 2. 10. 1958 | 5 | 24 h | 2 | 7 | — | — | — | + | — | — | — | — | + | — | — | — | — |

Normalerweise reagierte der Pollen von *Antirrhinum* aber ganz anders:

| % rel. L. F. | K | t | 100 | 99 | 97 | 95 | 90 | 82 | 71 | 60 | 48 | 36 | 26 | 15 | 6 | 2 | 0,08 |
|---|---|---|---|---|---|---|---|---|---|---|---|---|---|---|---|---|---|
| 18. 7. 1958 | 50 | 24 h | — | + | 5 | 20 | 8 | 5 | 8 | 15 | 5 | 15 | 30 | 20 | 10 | 15 | 3 |

Bei allen übrigen untersuchten Pollen war die Schädigung durch feuchte Luft deutlich erkennbar. Wie gezeigt wurde, bedingte in vielen Fällen eine Dampfspannung von über 95%, oft auch darunter, ein stark vermindertes Auskeimen in der Nährlösung.

Nun mußte die Frage, ob der nicht ausgekeimte Pollen noch am Leben war, geklärt werden. Ähnlich wie bei der Untersuchung des zunächst keimunfähigen ausgetrockneten Pollens (s. Kapitel 1 c) wurde auch hier vorgegangen. Der Pollen zeigte aber in verschiedenen Medien keinerlei unterschiedliches Verhalten. Die Körner waren zweifellos schon vor der Benetzung mit Kulturflüssigkeit abgestorben. Meist war die Exine geplatzt und der Inhalt ausgetreten, oft hatte sich der Inhalt von der Membran abgelöst und war grob granuliert und dunkel gefärbt.

Es wäre fast überflüssig gewesen, solchen Pollen nochmals in die Dampfspannungsreihe zurückzuführen und dann erst mit Nährlösung zu versetzen. Um den Unterschied zum vorgetrockneten Pollen aber deutlich zu machen, wurden solche Versuche dennoch durchgeführt:

*Amaryllis belladonna*

| | K | t | 100 | 99 | 97 | 95 | 90 | 82 | 71 | 60 | 48 | 36 | 26 | 15 | 6 | 2 | 0,08 |
|---|---|---|---|---|---|---|---|---|---|---|---|---|---|---|---|---|---|
| % rel. L. F. | | | | | | | | | | | | | | | | | |
| 19. 3. 1959 | *50* | 3 d | 15 | 30 | 25 | 20 | 20 | 15 | 10 | 5 | 20 | 20 | 10 | 15 | 10 | 5 | — |
| ü. k. $H_2SO_4$ | — | +24 h | 15 | 25 | 25 | 25 | 30 | 10 | 15 | 15 | 5 | 20 | 5 | 3 | 5 | 10 | — |
| ü. $H_2O$ | *15* | +24 h | + | 5 | 8 | 5 | 3 | + | 3 | 5 | 2 | — | + | 2 | 2 | + | — |

In der ersten Reihe sind wieder die Werte der rel. L. F. angeführt, darunter befinden sich die Keimprozente jener Pollen, welche drei Tage diesen verschiedenen Dampfspannungen ausgesetzt waren. Der über konz. Schwefelsäure aufbewahrte Pollen keimte vorerst im Kulturmedium überhaupt nicht, nachdem er aber 24 Stunden in eine Atmosphäre von 90% rel. L. F. gebracht worden war, bis zu 30% (3. Reihe). Der bei sehr hoher Luftfeuchtigkeit aufbewahrte Pollen keimte auch nach Rückführung in die Exsiccatorreihe nicht besser aus (letzte Reihe).

Aus diesem Versuch geht klar hervor, daß der durch hohe Luftfeuchtigkeit keimunfähig gewordene Pollen, im Gegensatz zum ausgetrockneten, größtenteils abgestorben war.

c) Feuchtigkeitsresistenzschwellen im Dauerversuch.

Als Ergänzung seien hier einige Beobachtungen mitgeteilt, welche sich auf das verschieden rasche Absterben des Pollens in feuchter Luft beziehen:

| | K | t | 100 | 99 | 97 | 95 | 90 | 82 |
|---|---|---|---|---|---|---|---|---|
| % rel. L. F. | | | 100 | 99 | 97 | 95 | 90 | 82 |
| % $H_2SO_4$ | | | 0 | 0,3 | 2,5 | 5 | 10 | 15 |
| *Aesculus hippocastanum* | | | | | | | | |
| 23. 5. 1958 | *60* | 24 h | 5 | 8 | 8 | 30 | 60 | 50 |
| 29. 5. 1958 | *55* | 5 d | — | — | — | — | — | — |
| *Agapanthus umbellatus* | | | | | | | | |
| 25. 4. 1958 | *50* | 6 h | 35 | 50 | 40 | 25 | 50 | 30 |
| 7. 5. 1958 | *80* | 22 h | 7 | 10 | 45 | 75 | 40 | 60 |
| 12. 5. 1958 | *50* | 6 d | — | 3 | + | 20 | + | 50 |
| 6. 5. 1958 | *80* | 11 d | — | — | — | — | — | — |

| | K | t | 100 | 99 | 97 | 95 | 90 | 82 |
|---|---|---|---|---|---|---|---|---|
| % rel. L. F. | | | | | | | | |
| % H$_2$SO$_4$ | | | 0 | 0,3 | 2,5 | 5 | 10 | 15 |
| *Anthericum ramosum.* | | | | | | | | |
| 19. 8. 1958 | 30 | 24 h | — | 10 | 8 | 15 | 10 | 5 |
| 20. 8. 1958 | 30 | 48 h | — | — | — | — | — | — |
| *Caltha palustris* | | | | | | | | |
| 8. 5. 1958 | 80 | 24 h | — | 5 | 5 | 5 | 5 | 20 |
| 7. 5. 1958 | 80 | 48 h | — | 2 | 2 | + | + | 2 |
| 9. 5. 1958 | 80 | 5 d | — | — | — | — | — | — |
| *Campanula glomerata* | | | | | | | | |
| 7. 7. 1958 | 85 | 24 h | 3 | 5 | 5 | 15 | 60 | 60 |
| 19. 8. 1958 | 85 | 48 h | + | 5 | 10 | 8 | 15 | 20 |
| *Clivia nobilis* | | | | | | | | |
| 13. 3. 1959 | 60 | 24 h | 20 | 35 | 45 | 35 | 35 | 45 |
| 29. 10. 1958 | 60 | 3 d | 3 | 3 | 40 | 35 | 25 | 30 |
| 10. 4. 1958 | 80 | 10 d | — | — | — | — | — | — |
| *Colutea arborescens* | | | | | | | | |
| 20. 6. 1958 | 60 | 24 h | 10 | 15 | 30 | 35 | 25 | 30 |
| 23. 6. 1958 | 60 | 3 d | + | + | 5 | 20 | 15 | 45 |
| *Cyclamen europaeum* | | | | | | | | |
| 6. 10. 1958 | 80 | 4 d | — | 2 | 4 | 8 | 65 | 50 |
| 10. 10. 1958 | 80 | 12 d | — | + | — | — | + | + |
| *Cyclamen persicum* | | | | | | | | |
| 7. 11. 1958 | 15 | 5 d | 5 | 3 | 5 | 10 | + | 3 |
| 12. 12. 1958 | 15 | 7 d | — | 2 | 2 | + | 2 | 2 |
| 2. 1. 1959 | 15 | 18 d | — | — | — | — | — | — |
| *Dipsacus silvestris* | | | | | | | | |
| 23. 8. 1958 | 60 | 3 h | 15 | 25 | 10 | 20 | 30 | 25 |
| 22. 8. 1958 | 60 | 8 h | 10 | 20 | 15 | 15 | 15 | 20 |
| 22. 8. 1958 | 60 | 25 h | + | + | + | + | 5 | 10 |
| *Haemanthus brachyphyllus* | | | | | | | | |
| 28. 8. 1958 | 40 | 7 h | 15 | 15 | 15 | 45 | 40 | 45 |
| 4. 9. 1958 | 70 | 40 h | — | 10 | 15 | 35 | 20 | 35 |
| 22. 8. 1958 | 70 | 3 d | — | — | — | 25 | 5 | 20 |
| *Haemanthus katherinae* | | | | | | | | |
| 6. 8. 1958 | 80 | 6 h | 60 | 85 | 60 | 80 | 45 | 55 |
| 5. 8. 1958 | 80 | 18 h | 60 | 40 | 70 | 60 | 75 | 80 |
| 14. 8. 1958 | 80 | 23 h | 55 | 60 | 60 | 60 | 75 | 75 |
| 11. 8. 1958 | 80 | 3 d | 2 | 3 | 60 | 55 | 70 | 65 |
| 3. 9. 1958 | 80 | 5 d | 5 | 10 | 25 | 20 | 25 | 30 |
| 24. 9. 1958 | 80 | 6 d | — | — | — | 30 | 10 | 20 |
| 7. 11. 1958 | 80 | 7 d | — | — | — | — | — | — |

| | K | t | 100 | 99 | 97 | 95 | 90 | 82 |
| --- | --- | --- | --- | --- | --- | --- | --- | --- |
| % rel. L. F. | | | 100 | 99 | 97 | 95 | 90 | 82 |
| % H$_2$SO$_4$ | | | 0 | 0,3 | 2,5 | 5 | 10 | 15 |
| *Lathyrus megalanthus* | | | | | | | | |
| 8. 7. 1958 | 80 | 7 h | 15 | 60 | 50 | 65 | 40 | 35 |
| 8. 7. 1958 | 80 | 17 h | 4 | 25 | 15 | 15 | 50 | 35 |
| 14. 7. 1958 | 80 | 73 h | — | 5 | 15 | 45 | 40 | 40 |
| 31. 7. 1958 | 80 | 12 d | — | — | — | — | — | — |
| *Lathyrus tuberosus* (vgl. S. 77 u. Fig. 3) | | | | | | | | |
| 18. 6. 1958 | 90 | 5 h | 50 | 30 | 60 | 70 | 75 | 75 |
| 25. 6. 1958 | 90 | 18 h | 75 | 45 | 55 | 75 | 70 | 70 |
| 17. 6. 1958 | 90 | 26 h | 50 | 50 | 55 | 65 | 60 | 70 |
| 27. 6. 1958 | 90 | 48 h | + | + | 55 | 60 | 65 | 65 |
| *Lilium martagon* | | | | | | | | |
| 18. 6. 1958 | 80 | 5 h | 70 | 75 | 75 | 60 | 70 | 70 |
| 25. 6. 1958 | 80 | 25 h | 30 | 40 | 55 | 50 | 65 | 60 |
| 18. 6. 1958 | 80 | 38 h | 10 | 50 | 70 | 70 | 50 | 70 |
| 30. 6. 1958 | 80 | 50 h | 10 | 25 | 35 | 65 | 45 | 65 |
| 23. 6. 1958 | 80 | 72 h | 5 | 10 | 60 | 60 | 65 | 70 |
| *Lilium regale* | | | | | | | | |
| 3. 7. 1958 | 80 | 16 h | 70 | 60 | 60 | 70 | 60 | 70 |
| 7. 7. 1958 | 80 | 60 h | 40 | 35 | 30 | 50 | 70 | 65 |
| 12. 7. 1958 | 80 | 6 d | — | — | 10 | 15 | 30 | 20 |
| 31. 7. 1958 | 80 | 12 d | — | — | — | — | — | + |
| *Lupinus albus* | | | | | | | | |
| 12. 6. 1958 | 70 | 20 h | 10 | 5 | 15 | 20 | 35 | 40 |
| 13. 6. 1958 | 70 | 4 d | — | — | + | + | 3 | 8 |
| *Orobanche ramosa* | | | | | | | | |
| 16. 7. 1958 | 80 | 12 h | 25 | 25 | 50 | 70 | 75 | 60 |
| 12. 7. 1958 | 80 | 24 h | 5 | 10 | 45 | 65 | 50 | 35 |
| 17. 7. 1958 | 80 | 48 h | — | 15 | 40 | 30 | 25 | 40 |
| *Oxytropis pilosa* | | | | | | | | |
| 10. 7. 1958 | 65 | 5 h | 45 | 40 | 40 | 30 | 5 | 20 |
| 11. 7. 1958 | 65 | 24 h | 5 | 15 | 20 | 10 | 20 | 20 |
| 1. 8. 1958 | 65 | 12 d | — | — | — | — | + | 2 |
| *Philadelphus coronarius* | | | | | | | | |
| 10. 6. 1958 | 90 | 7 h | 90 | 80 | 40 | 70 | 90 | 85 |
| 4. 6. 1958 | 50 | 15 h | 20 | 10 | 40 | 20 | 50 | 15 |
| 14. 6. 1958 | 90 | 22 h | 15 | 25 | 20 | 35 | 65 | 70 |
| 16. 6. 1958 | 90 | 44 h | 20 | 40 | 65 | 60 | 80 | 70 |
| 9. 6. 1958 | 90 | 48 h | 30 | 35 | 25 | 50 | 40 | 50 |
| 10. 6. 1958 | 30 | 3 d | — | 3 | + | 5 | 3 | 5 |
| *Plantago lanceolata* | | | | | | | | |
| 8. 7. 1958 | 50 | 24 h | 35 | 30 | 25 | 20 | 40 | 30 |
| 3. 9. 1958 | 50 | 4 d | — | — | 5 | 3 | 8 | 3 |
| 1. 8. 1958 | 50 | 12 d | — | — | — | — | — | — |

|  | K | t | 100 | 99 | 97 | 95 | 90 | 82 |
|---|---|---|---|---|---|---|---|---|
| % rel. L. F. | | | 100 | 99 | 97 | 95 | 90 | 82 |
| % H$_2$SO$_4$ | | | 0 | 0,3 | 2,5 | 5 | 10 | 15 |
| *Prunus amygdalus* | | | | | | | | |
| 26. 3.1959 | 90 | 18 h | 70 | 65 | 60 | 75 | 75 | 70 |
| 30. 3.1959 | 90 | 4 d | — | — | 15 | 35 | 30 | 45 |
| 1. 4.1959 | 90 | 6 d | — | + | — | 3 | 20 | 5 |
| *Prunus cerasus* | | | | | | | | |
| 2. 1.1959 | 30 | 5 d | 5 | 5 | 5 | 5 | 5 | 8 |
| 31. 1.1959 | 30 | 18 d | — | — | — | — | + | + |
| 20. 1.1959 | 30 | 25 d | — | — | — | — | — | — |
| *Saintpaulia ionantha* | | | | | | | | |
| 1. 7.1958 | 60 | 21 h | 40 | 50 | 35 | 15 | 40 | 15 |
| 16. 6.1958 | 95 | 44 h | 40 | 25 | 15 | 40 | 20 | 20 |
| 28.10.1958 | 80 | 3 d | 40 | 35 | 30 | 25 | 30 | 10 |
| 28.10.1958 | 80 | 6 d | — | 10 | 5 | 15 | 20 | 5 |
| 29.10.1958 | 80 | 8 d | — | — | — | 15 | 10 | 10 |
| 3.12.1958 | 95 | 26 d | — | — | — | — | — | + |
| *Salix caprea* | | | | | | | | |
| 15. 4.1958 | 80 | 3 h | 60 | 70 | 70 | 75 | 50 | 70 |
| 15. 4.1958 | 80 | 20 h | 5 | 40 | 30 | 60 | 50 | 20 |
| 15. 4.1958 | 80 | 24 h | + | + | + | 40 | 20 | 20 |
| 21. 4.1958 | 80 | 3 d | — | — | — | — | — | — |
| *Sambucus niger* | | | | | | | | |
| 4. 6.1958 | 80 | 24 h | 50 | 10 | 15 | 40 | 45 | 30 |
| 7. 6.1958 | 80 | 72 h | — | 5 | + | 5 | 10 | 15 |
| *Trollius europaeus* | | | | | | | | |
| 9. 7.1958 | 90 | 2 h | 35 | 85 | 65 | 60 | 80 | 70 |
| 11. 7.1958 | 90 | 8 h | 8 | 85 | 85 | 65 | 70 | 30 |
| 11. 7.1958 | 90 | 16 h | 15 | 15 | 35 | 50 | 85 | 85 |
| 11. 7.1958 | 90 | 24 h | 10 | 15 | 35 | 50 | 85 | 85 |
| 14. 7.1958 | 90 | 72 h | — | — | — | 2 | — | 5 |
| *Vinca minor* | | | | | | | | |
| 30. 4.1958 | 90 | 24 h | 50 | 40 | 30 | 35 | 15 | 25 |
| 7. 5.1958 | 90 | 48 h | 5 | + | 25 | 25 | 15 | 10 |

Bei Betrachtung der Tabelle ist zu bemerken, daß die Schädigung über 95% rel. L. F. rasch eintritt. Bei 90% rel. L. F. lebte der Pollen meistens wesentlich länger, die Vitalität ging erst nach einigen Tagen verloren. Nur selten wurde bei extremer Luftfeuchtigkeit eine Lebensdauer von mehreren Tagen festgestellt. In einzelnen Versuchen keimte der Pollen nach Aufbewahrung über H$_2$O in den Nährlösungen noch zu einem kleinen Prozentsatz:

| Arten: | Versuchsdauer | % gekeimt | Kontrolle |
|---|---|---|---|
| Antirrhinum majus . . . . . . . | 3 d | 5 | *50* |
| Clivia nobilis . . . . . . . . . . . . | 7 d | 10 | *80* |
| Colchicum autumnale . . . . . | 4 d | 2 | *60* |
| Convallaria majalis . . . . . . . | 5 d | 20 | *30* |
| Coronilla varia . . . . . . . . . . . | 7 d | 5 | *75* |
| Cyclamen persicum . . . . . . . | 5 d | 5 | *15* |
| Gentiana verna . . . . . . . . . | 3 d | 20 | *80* |
| Haemanthus katherinae . . . | 5 d | 5 | *80* |
| Lathyrus megalanthus . . . . | 3 d | 10 | *80* |
| Lilium henryi . . . . . . . . . . . . | 4 d | 25 | *95* |
| Lilium martagon . . . . . . . . . | 3 d | 20 | *80* |
| Parnassia palustris . . . . . . . | 4 d | 20 | *70* |
| Plantago lanceolata . . . . . . | 3 d | 30 | *50* |
| Prunus cerasus . . . . . . . . . . | 5 d | 5 | *30* |
| Saintpaulia ionantha . . . . . | 4 d | 30 | *95* |
| Tulipa hybrida . . . . . . . . . . | 10 d | 3 | *80* |
| Verbascum austriacum . . . . | 4 d | 3 | *30* |

Die gleichen Pollen starben jedoch bei Parallelversuchen oft schon nach wenigen Stunden fast völlig ab.

Weitaus häufiger war der Fall, daß schon nach kurzer Zeit Schäden auftraten und nach ein bis zwei Tagen Aufbewahrung über $H_2O$ überhaupt kein Pollenkorn mehr keimte:

| Arten: | Versuchsdauer | % gekeimt | Kontrolle |
|---|---|---|---|
| Azalea hybrida . . . . . . . . . . | 5 h | — | *80* |
| Campanula medium . . . . . . | 24 h | — | *90* |
| Caltha palustris . . . . . . . . . | 24 h | — | *60* |
| Lathyrus tuberosus . . . . . . . | 48 h | — | *90* |
| Quesnelia liboniana . . . . . . . | 10 h | — | *80* |
| Salix purpurea . . . . . . . . . . | 5 h | — | *60* |

### 3. Die Lebensdauer im optimalen Bereich.

In den beiden vorigen Abschnitten wurde gezeigt, daß die Keimfähigkeit nach Verweilen des Pollens in extrem trockener und extrem feuchter Luft rasch erlischt.

Dazwischen bleibt nun ein recht weiter Bereich (6—80% rel. L. F.), in welchem die Pollen längere Zeit lebensfähig sind. Dieser Bereich ist je nach Art verschieden.

Es konnte auch im Optimum nach einigen Tagen fast immer ein Rückgang der Vitalität festgestellt werden. Die Abnahme der Keimfähigkeit erfolgte aber wesentlich langsamer als in den extremen Bereichen. Im einzelnen wurde nicht beobachtet, wie lange es dauert, bis die letzten Körner auch im Optimum ihre Keimkraft verlieren. Darüber sind ja schon Angaben verschiedener Autoren (RITTINGHAUS 1886, PFUNDT 1909, TOKUGAWA 1914,

Werfft 1951 u. a.) vorhanden. Ich versuchte vielmehr festzustellen, bei welcher Luftfeuchtigkeit der Pollen verschiedener Pflanzen am längsten in größerer Zahl keimfähig bleibt.

Als Beispiel sei eine solche Versuchsreihe mit *Amaryllis belladonna* angeführt:

| % rel. L. F. | K | t | 100 | 99 | 97 | 95 | 90 | 82 | 71 | 60 | 48 | 36 | 26 | 15 | 6 | 2 | 0,08 |
|---|---|---|---|---|---|---|---|---|---|---|---|---|---|---|---|---|---|
| 23. 2. 1959 | 60 | 5 h | 45 | 45 | 50 | 50 | 40 | 45 | 55 | 50 | 35 | 60 | 50 | 35 | 35 | 30 | 10 |
| 24. 2. 1959 | 60 | 8 h | 45 | 35 | 30 | 55 | 50 | 40 | 45 | 45 | 50 | 45 | 55 | 40 | 20 | 10 | 3 |
| 24. 2. 1959 | 40 | 24 h | 20 | 25 | 30 | 20 | 30 | 20 | 20 | 15 | 15 | 10 | 15 | 15 | 10 | 10 | — |
| 26. 2. 1959 | 40 | 48 h | 3 | 5 | 10 | 5 | 10 | 8 | 8 | 10 | 15 | 20 | 25 | 15 | 8 | 10 | + |
| 27. 2. 1959 | 50 | 72 h | + | + | + | 5 | 5 | 15 | 15 | 30 | 25 | 20 | 45 | 15 | 10 | 5 | — |

Es ist zu ersehen, daß die Keimfähigkeit in fast allen Bereichen der Luftfeuchtigkeit bereits nach 3 Tagen stark abgenommen hat. Eine optimale Zone ist zwischen 20 und 60% rel. L. F. deutlich erkennbar. Die Schädigung in feuchter Luft beginnt nach 24 h und ist in der doppelten Zeit ganz klar ausgeprägt. Dabei ist auffällig, daß zuerst nur über 97% rel. L. F. Schäden auftreten, daß solche aber nach einiger Zeit auch bei 90% und darunter entstehen. Im extrem trockenen Bereich ist die Beeinträchtigung der Keimfähigkeit schon nach kürzester Zeit auffällig stark.

Mit einigen Beispielen will ich noch das typische Verhalten einiger Arten im Dauerversuch aufzeigen:

| % rel. L. F. | K | t | 100 | 99 | 97 | 95 | 90 | 82 | 71 | 60 | 48 | 36 | 26 | 15 | 6 | 2 | 0,08 |
|---|---|---|---|---|---|---|---|---|---|---|---|---|---|---|---|---|---|---|
| *Agapanthus umbellatus* | | | | | | | | | | | | | | | | | |
| 8. 5. 1958 | 80 | 16 h | 15 | 35 | 60 | 60 | 75 | 50 | 70 | 80 | 60 | 75 | 80 | 40 | 40 | 40 | 2 |
| 7. 5. 1958 | 80 | 24 h | 5 | 35 | 60 | 65 | 60 | 60 | 40 | 60 | 90 | 50 | 10 | 40 | 50 | 35 | 2 |
| 29. 4. 1958 | 80 | 48 h | 2 | 10 | 70 | 65 | 15 | 45 | 40 | 60 | 20 | 80 | 25 | 15 | 15 | 8 | 2 |
| 28. 4. 1958 | 60 | 72 h | — | 15 | 10 | 25 | 10 | 50 | 25 | 15 | 30 | 10 | 30 | 15 | 15 | 30 | — |
| 6. 5. 1958 | 80 | 11 d | — | — | — | — | — | — | 10 | 8 | 50 | 30 | 10 | 8 | 5 | 2 | — |
| *Antirrhinum majus* | | | | | | | | | | | | | | | | | |
| 27. 9. 1958 | 60 | 48 h | 5 | 10 | 15 | 45 | 50 | 25 | 30 | 45 | 40 | 40 | 35 | 35 | 40 | 35 | 7 |
| 1. 10. 1957 | 60 | 4 d | — | 20 | 40 | 10 | 10 | 50 | 5 | 10 | 15 | 5 | 70 | 50 | 5 | 70 | 5 |
| 29. 9. 1958 | 60 | 6 d | — | — | — | + | 3 | 3 | + | — | 10 | 8 | 8 | 3 | 4 | 3 | — |
| 3. 12. 1958 | 50 | 26 d | — | — | — | — | — | — | — | — | — | — | — | + | + | — | — |
| *Caltha palustris* | | | | | | | | | | | | | | | | | |
| 8. 5. 1958 | 80 | 24 h | — | 5 | 5 | 5 | 5 | 20 | 40 | 15 | 20 | 20 | 20 | 8 | 30 | 80 | 2 |
| 9. 5. 1958 | 80 | 48 h | — | 2 | 2 | + | + | 2 | 3 | 30 | 20 | 5 | 3 | 3 | + | 5 | 2 |
| 13. 5. 1958 | 80 | 5 d | — | — | — | — | — | — | — | 2 | — | + | — | — | — | — | — |

| % rel. L. F. | K | t | 100 | 99 | 97 | 95 | 90 | 82 | 71 | 60 | 48 | 36 | 26 | 15 | 6 | 2 | 0,08 |
|---|---|---|---|---|---|---|---|---|---|---|---|---|---|---|---|---|---|
| *Colchicum autumnale* | | | | | | | | | | | | | | | | | |
| 30. 9.1958 | 60 | 2 h | 55 | 50 | 70 | 45 | 55 | 50 | 55 | 40 | 40 | 45 | 20 | 40 | 45 | 35 | 15 |
| 30. 9.1958 | 60 | 20 h | 45 | 40 | 25 | 45 | 40 | 65 | 40 | 50 | 55 | 65 | 40 | 15 | 30 | 35 | 10 |
| 30. 9.1958 | 60 | 25 h | 40 | 20 | 20 | 30 | 45 | 40 | 35 | 60 | 40 | 35 | 30 | — | 20 | 30 | 10 |
| 26. 9.1957 | 60 | 48 h | 5 | 10 | 40 | 30 | 50 | 20 | 20 | 10 | 15 | 20 | — | 20 | 20 | 40 | — |
| 2.10.1958 | 60 | 50 n | 8 | 5 | 20 | 20 | 45 | 40 | 35 | 45 | 35 | 35 | 40 | 35 | 10 | 10 | + |
| 6.10.1958 | 60 | 70 h | — | + | + | 25 | 40 | 30 | 55 | 50 | 6 | 8 | 10 | 8 | 5 | 12 | 10 |
| 20.10.1958 | 60 | 4 d | 2 | 2 | 25 | 10 | 15 | 10 | 25 | 20 | 20 | + | 15 | 15 | 5 | 5 | 5 |
| 22.10.1958 | 60 | 6 d | 2 | — | 2 | 5 | 5 | 10 | 5 | 15 | 5 | 15 | 20 | 15 | 10 | 5 | 15 |
| 24.10.1958 | 60 | 8 d | — | — | — | — | 5 | — | 2 | 2 | 2 | 2 | + | — | + | — | — |
| *Coronilla varia* | | | | | | | | | | | | | | | | | |
| 2.10.1958 | 75 | 6 h | 20 | 40 | 45 | 65 | 70 | 50 | 50 | 65 | 60 | 60 | 40 | 20 | 45 | 45 | 10 |
| 6.10.1958 | 75 | 48 h | 10 | 20 | 40 | 10 | 20 | 25 | 10 | 25 | 15 | 45 | 35 | 35 | 25 | 5 | 3 |
| 7.10.1958 | 75 | 7 d | — | — | — | 5 | 5 | 3 | — | 3 | — | 2 | — | 3 | 6 | 5 | 10 |
| *Gentiana verna* | | | | | | | | | | | | | | | | | |
| 19. 7.1958 | 80 | 24 h | 45 | 30 | 50 | 60 | 50 | 70 | 60 | 75 | 60 | 80 | 60 | 65 | 60 | 40 | 45 |
| 20. 7.1958 | 80 | 48 h | 20 | 20 | 15 | 20 | 45 | 75 | 50 | 70 | 70 | 70 | 50 | 65 | 45 | 30 | 30 |
| *Salix caprea* | | | | | | | | | | | | | | | | | |
| 15. 4.1958 | 80 | 3 h | 60 | 70 | 70 | 75 | 50 | 70 | 50 | 60 | 45 | 60 | 50 | 40 | 15 | 10 | 10 |
| 23. 3.1959 | 90 | 24 h | 10 | 20 | 45 | 65 | 70 | 70 | 65 | 70 | 65 | 60 | 75 | 60 | 40 | 50 | 10 |

Die Photos von *Salix caprea* sollen den Sachverhalt veranschaulichen (siehe Fig. 9—12).

In die folgende Tabelle ist eingetragen, welch ein Prozentsatz von Pollen nach längerer Aufbewahrungszeit bei optimaler Luftfeuchtigkeit nach Einbringen ins Kulturmedium auskeimt. K bedeutet die Keimprozente des frischen Pollens in der günstigsten RZ-Konzentration.

Die Anzahl der ausgekeimten Körner im optimalen Bereich nach mehreren Tagen:

| Arten: | t | % gek. | Kontr. | opt. r. L. F. |
|---|---|---|---|---|
| Aesculus hippocastanum | 5 d | 25 | 60 | 36 |
| Agapanthus umbellatus | 11 d | 50 | 80 | 48 |
| Amaryllis belladonna | 26 d | + | 75 | 0,08 |
| Antirrhinum majus | 26 d | + | 80 | 15—26 |
| Caltha palustris | 5 d | 2 | 60 | 60 |
| Clivia miniata | 7 d | 45 | 80 | 48—95 |
| Colchicum autumnale | 4 d | 20 | 60 | 48—97 |
| Convallaria majalis | 5 d | 20 | 30 | 2—100 |
| Cyclamen europaeum | 12 d | 65 | 80 | 36 |
| Cyclamen persicum | 40 d | 3 | 15 | 6 |
| Haemanthus brachyphyllus | 7 d | 40 | 70 | 48—71 |
| Haemanthus katherinae | 6 d | 50 | 80 | 36—71 |

| Arten: | t | % gek. | Kontr. | opt. r. L. F. |
|---|---|---|---|---|
| Impatiens sultani | 8 d | 2 | *40* | 26 |
| Lathyrus megalanthus | 12 d | 35 | *80* | 6 |
| Lilium henryi | 4 d | 60 | *95* | 71—90 |
| Lilium regale | 12 d | 10 | *80* | 15 |
| Nicotiana glutinosa | 35 d | 15 | *70* | 48 |
| Oxytropis pilosa | 12 d | 30 | *65* | 2 |
| Parnassia palustris | 4 d | 30 | *70* | 26 |
| Plantago lanceolata | 12 d | 35 | *50* | 36 |
| Prunus amygdalus | 6 d | 60 | *90* | 6—48 |
| Prunus cerasus | 25 d | 1 | *30* | 6—15 |
| Quesnelia liboniana | 3 d | 40 | *80* | 48—60 |
| Robinia pseudacacia | 5 d | 10 | *60* | 48 |
| Saintpaulia ionantha | 26 d | 60 | *95* | 2 |
| Salix caprea | 6 d | 40 | *90* | 36—48 |
| Sambucus niger | 3 d | 70 | *80* | 36—71 |
| Trollius europaeus | 3 d | 70 | *90* | 2—6 |
| Tulipa hybrida | 32 d | 3 | *80* | 2 |
| Verbascum austriacum | 4 d | 35 | *30* | 26 |

Aus der vierten Spalte ist ersichtlich, bei welcher relativen Luftfeuchtigkeit die optimale Keimung in der Kulturflüssigkeit erfolgte. Das Optimum schwankt ziemlich erheblich, bleibt aber zumeist unter 60% rel. L. F. (das ist wohl, was frühere Autoren, z. B. MOLISCH 1929, als „lufttrocken" bezeichneten).

Ich will noch hinzufügen, daß Pollen, der im stark trockenen Bereich aufbewahrt wurde, nach vorsichtigem Einbringen in feuchtere Luft zu einem wesentlich höheren Prozentsatz zum Keimen gebracht werden konnte. In diesem Abschnitt interessieren uns jedoch nur jene Pollen, welche ohne vorherige Behandlung direkt nach dem Entnehmen aus dem Exsiccator in der Kulturflüssigkeit auskeimen.

## IV. Rückblick und Besprechung.

Die alte Frage nach der Austrocknungsresistenz der Pflanzenzelle hat in den letzten Dezennien wieder viel an Interesse gewonnen und ist von ILJIN, HÖFLER und anderen Autoren (siehe Einleitung) gründlich bearbeitet worden. Die starke Trockenresistenz von Samen und Sporen ist seit altersher bekannt. Nur über die Trockenresistenz der Pollenkörner existiert seit 50 Jahren (PFUNDT 1909) keine eingehendere Untersuchung. In der neueren Literatur finden sich sogar widersprechende Angaben über die Austrocknungsresistenz und Lebensdauer der Pollenkörner. Ich habe mir deshalb die Aufgabe gestellt, das Resistenzverhalten des Blütenpollens zu untersuchen. Was die Methodik und die Auswahl

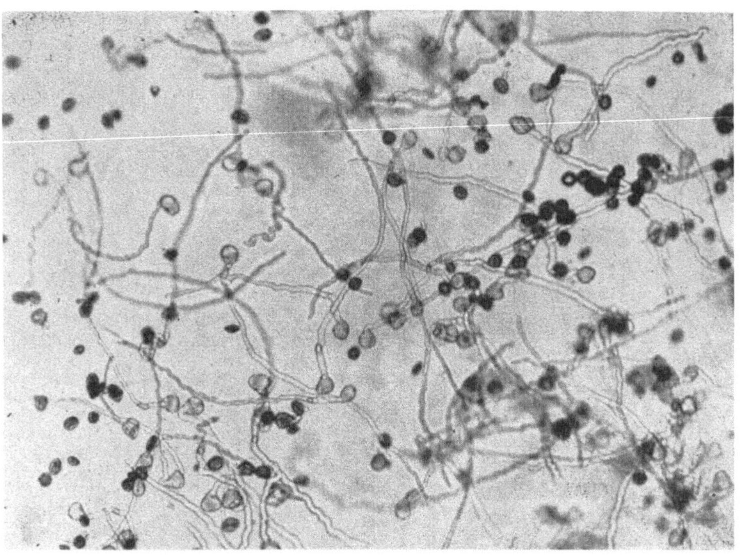

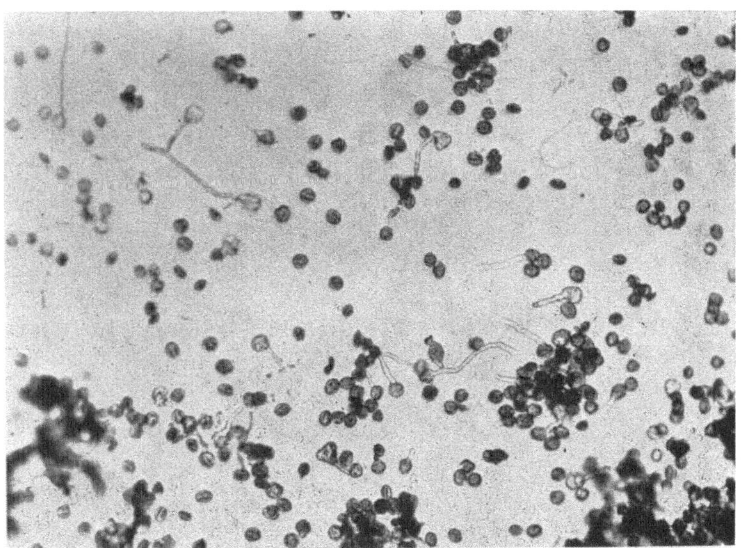

Fig. 9. *Salix caprea*, 12 h über $H_2O$, in aq. dest. zu 55% gekeimt, Schläuche teilweise gewunden, bis 10 D lang, Kallose.

Fig. 10. *Salix caprea*, 24 h über $H_2O$, in aq. dest. zu 15% gekeimt, Schläuche teilweise nekrotisch, 1—6 D lang.

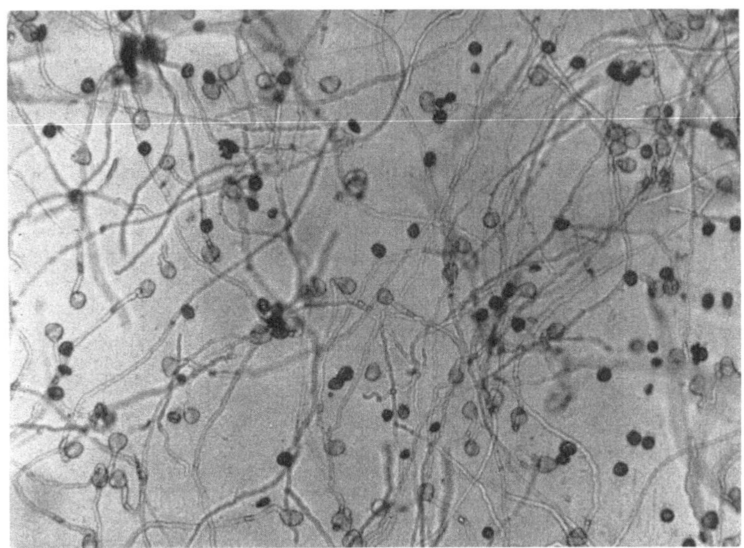

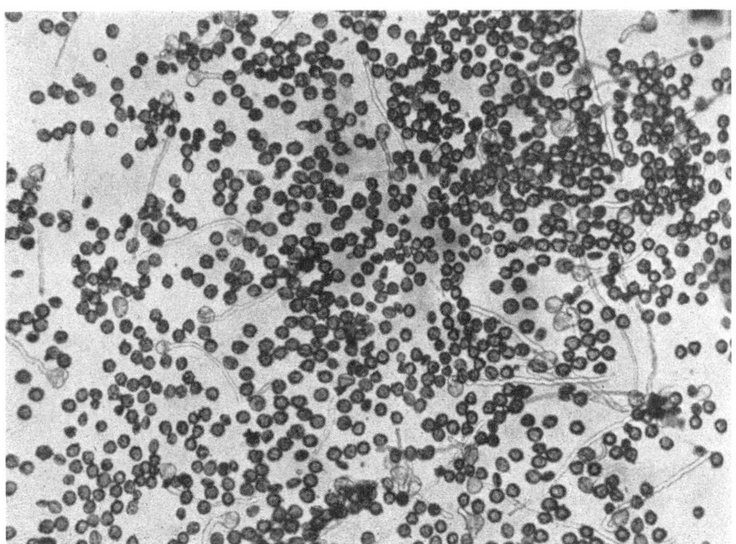

Fig. 11. *Salix caprea*, 12 h über conc. $H_2SO_4$, in aq. dest. 45% gekeimt, Schläuche oft über 15 D lang, normal, Kallosepfropfen.

Fig. 12. *Salix caprea*, 24 h über conc. $H_2SO_4$, in aq. dest. zu 10% gekeimt, Schläuche bis 8 D, normal.

der Objekte betrifft, sei hier nur auf die einleitenden Kapitel hingewiesen.

Es stellte sich bei meinen Untersuchungen heraus, daß eine Reihe von Pflanzen einen Pollen besitzen, welcher die Austrocknung bis zu einem gewissen Grad verträgt. Unterhalb einer bestimmten Luftfeuchtigkeit tritt jedoch schon im 24-Stunden-Versuch unter normalen Bedingungen im Kulturmedium keine Keimung mehr auf. Es ist also eine deutliche Schwelle ausgeprägt, welche bei den untersuchten Arten verschieden hoch liegt. Bei *Plantago media* lag diese Schwelle schon bei 80% relativer Luftfeuchtigkeit (rel. L. F.), bei *Parnassia palustris* unter 70%. Bei einer größeren Anzahl von Pflanzen (*Aesculus, Amaryllis, Tulipa* usw.) lag die Schwelle zwischen 30 und 60% rel. L. F.

Die Mehrzahl der von mir untersuchten Pflanzen ertrug jedoch eine weit stärkere Austrocknung. Sehr viele Pollen schienen überhaupt erst über konz. Schwefelsäure ihre Keimfähigkeit zu verlieren (*Agapanthus, Caltha palustris, Lupinus albus, Saintpaulia, Trollius* u. a.).

Daß dieser Verlust der Keimfähigkeit nicht ein völliges Absterben des Pollens bedeutet, sondern daß es sich dabei nur um einen Zustand tiefster Ruhe handelt, konnte ich folgendermaßen nachweisen. Ich brachte den völlig ausgetrockneten (und zunächst nicht mehr keimenden) Pollen vorsichtig in eine Reihe abgestufter Dampfspannungen und konnte beobachten, daß der Pollen nach Verweilen in einem Raum mit optimaler Luftfeuchtigkeit im Kulturmedium wieder keimte. Höfler und Abel haben bei ihren Austrocknungsversuchen an Moosen diese ebenfalls vor der Wiederbenetzung vorsichtig angefeuchtet, um eine mechanische Beschädigung zu vermeiden. Ob es bei der „Wiederbelebung" meiner Pollenkörner auch auf eine Ausschaltung mechanischer Einflüsse (ein rasches Quellen der Intine kann oft ein Platzen der Körner verursachen) ankommt, oder ein bestimmter Feuchtigkeitsgrad erreicht werden muß, der für die Fermentaktivität (Haeckel 1951) und damit Auskeimung erforderlich ist, oder andere Faktoren mitspielen, wurde noch nicht untersucht.

Anders als bei starker Trockenheit verhält es sich mit der Lebensdauer und Keimfähigkeit des Pollens bei hoher Luftfeuchtigkeit. Es gibt eine kleine Gruppe von Pollen, welche in feuchter Luft (über 95% rel. L. F.) frei auf dem trockenen Objektträger oder Uhrschälchen auskeimen, ohne in ein Kulturmedium gebracht zu werden. Dazu gehören z. B.: *Allium ursinum, Colutea arborescens, Laburnum vulgare, Plantago, Robinia* (Molisch hat 17 Arten gefunden). In diesem Fall kann man aber wohl nicht von einer Feuchtluftresistenz sprechen, da dieser Pollen, wenn immer er mit feuchter Luft in Berührung kommt, auskeimt und nach kurzer Zeit abstirbt, falls er sich nicht schon auf einer Narbe befindet.

Bei der überwiegenden Mehrzahl der Pollen wirkte sich die hohe Luftfeuchtigkeit jedoch äußerst schädlich aus. Bei der nachträglichen Keimprüfung zeigten sich, falls überhaupt noch Keimung erfolgt war, nur sehr kurze Pollenschläuche mit den verschiedensten Nekroseerscheinungen (blasige und keulige Ausbildung, Spiralisierung, Platzen am Ende usw.). Die Schädigung trat schon nach wenigen Stunden im Bereich über 95% rel. L. F. auf. Nach ein bis zwei Tagen waren die Körner zumeist schon über 90% rel. L. F. geschädigt. Wenn in wenigen Fällen die Anzahl der gekeimten Körner nach Behandlung mit feuchter Luft nicht wesentlich abfiel, so zeigte die Ausbildung der Pollenschläuche die Schädigung um so deutlicher. Eine Ausnahme bilden *Parnassia* und *Triglochin*, welche anscheinend durch feuchte Luft nicht geschädigt werden (wie *Hippuris* und *Abutilon* nach Pfundt). Im Gegensatz zu den nach Austrocknung nicht mehr auskeimenden Pollen konnten die durch Feuchtigkeit geschädigten Körner auch nach vorsichtigem Anfeuchten mit verschieden feuchter Luft nicht mehr zum Keimen gebracht werden. Die Körner befanden sich also nicht in einem „scheintoten" Zustand, sondern waren zweifellos abgestorben. Möglicherweise geht der Stoffwechsel bei hoher Luftfeuchtigkeit so schnell vor sich, daß, falls nicht eine Auskeimung erfolgt, die Lebensdauer stark herabgesetzt wird.

Aus der Tatsache, daß bei hoher Luftfeuchtigkeit der Pollen nach kurzer Zeit abstirbt und bei starker Trockenheit in einen tiefen Ruhezustand gelangt, folgt, daß der Pollen in einem verhältnismäßig weiten Bereich (zwischen etwa 2% und 70% rel. L. F.) am längsten keimfähig erhalten werden kann. Allerdings hat jeder Pollen sein Optimum, welches besonders bei einer Aufbewahrung durch längere Zeit deutlich wird. Bei Vermeidung von Luftfeuchtigkeitsschwankungen können die Pollen vieler Pflanzen in diesem Optimum Monate hindurch zu einem hohen Prozentsatz keimfähig bleiben. Unter normalen Bedingungen (auf den Antheren) geht der Pollen infolge der oft raschen Luftfeuchtigkeitsänderungen (Hann 1889, Walter 1928, Lauscher 1949) ziemlich rasch zugrunde. Der Pollen, welchen ich von einer Tulpenanthere acht Tage nach deren Aufspringen entnommen habe, keimte nur noch zu 5%. Von derselben Anthere habe ich Pollen entnommen und acht Tage bei konstant 60% rel. L. F. aufbewahrt; nun konnte ich noch über 25% Keimung erzielen. Der Bereich von 60% rel. L. F.

und darunter erwies sich für viele Pollen als das Optimum für die Aufbewahrung. Dieser Bereich deckt sich recht gut mit dem Begriff „lufttrockene Aufbewahrung", welche ältere Autoren als zweckmäßig angaben. SCHOCH-BODMER (1938) fanden, daß bei einer solchen rel. L. F. (40—60%) Pollenkörner oft schon ihre maximale Schrumpfung erreichen. Das Plasma kann dabei so wasserarm werden, daß es fast den festen Aggregatzustand erreicht (vgl. GEITLER 1941).

Worin liegen nun die Ursachen für die starke Trockenresistenz des Pollens? Pollenkörner besitzen überhaupt keine oder nur sehr kleine Vakuolen (SCHNARF 1938, DANGEARD 1956). Dies ist nach ILJIN (1930, 1931), eine wesentliche Voraussetzung für eine besondere Austrocknungsfähigkeit, da ein mechanischer Tod dadurch weitgehend verhindert wird. Dazu kommt noch der Reichtum an Reservesubstanzen, die Gestalt der Körner und die Ausbildung der Membranstrukturen.

Die verlängerte Lebensdauer im ausgetrockneten Zustand kann gewiß nicht allein mit der Verhinderung von mechanischen Schäden erklärt werden, sondern hat wohl ihre Ursache auch im Zustand des Plasmas. Bekanntlich laufen Lebensvorgänge im Plasma um so rascher ab, je wasserhältiger dieses ist. Eine Verminderung des Wassergehaltes setzt die Intensität der Lebensvorgänge dagegen herab, was ja eine Voraussetzung für eine lange Lebensdauer im latenten Zustand ist. So fand schon OKUNUKI (1933), daß bei ausgetrockneten Pollenkörnern die Atmung stark herabgesetzt ist. BÜNNING und HERDTLE (1946) erklären dies damit, daß der geringe Gehalt an freiem Wasser in einer Zelle durch Herabsetzung der Diffusionsgeschwindigkeit die chemischen Reaktionen bei der Atmung hemmt. Auch die Aktivität der Fermente ist bei Trockenheit eine wesentlich geringere, wie HAECKEL (1951) feststellte. CHRISTOPHERSEN und PRECHT (1953) fanden, daß bei Abnahme des freien Wassers nicht nur die Temperaturresistenz erhöht wird, sondern damit auch eine Resistenzerhöhung gegen Gifte und andere schädigende Einflüsse verbunden ist.

Die Tatsache, daß starke Austrocknung die Pollenkörner nicht abtötet, erscheint bei einer ökologischen Betrachtungsweise recht zweckmäßig. Nach POHL (1937) erfolgt der Wasserverlust in trockener Luft infolge der starken Wasserdurchlässigkeit der Exine ziemlich rasch. Es ist aber bekannt, daß der Pollen vieler Windblütler über weite Strecken durch die Luft verbreitet wird (MOLISCH 1916, KNOLL 1956). Nach REMPE (1938) soll er durch Luftströmungen oft über 300 km weit vertragen werden und zuweilen eine Höhe von über 2000 m erreichen.

Die Pollen der insektenblütigen Pflanzen bleiben wesentlich kürzere Zeit mit der Luft in Berührung und sind außerdem durch den Pollenkitt miteinander verklebt (vgl. Knoll 1930, 1936, 1956), so daß die einzelnen Körner viel schwerer austrocknen können als bei windblütigen Pollen. Man könnte meinen, daß der insektenblütige Pollen wesentlich weniger trockenresistent zu sein braucht als der windblütige. Bei meinen Versuchsobjekten konnte ich aber keine Unterschiede in dieser Hinsicht bemerken. Pfundt (1909) fand bei Beobachtung der Lebensdauer ebenfalls keine Gesetzmäßigkeiten. Pohl (1937) wies darauf hin, daß sich Wind- und Insektenpollen hinsichtlich der Wasseraufnahme und -abgabe nicht wesentlich unterscheiden.

Es erhebt sich nun die Frage, ob die Trockenresistenz der Pollenkörner zum Standort der Pflanzen Beziehungen zeigt. Ein Vergleich einiger typischer Hygrophyten (*Allium ursinum*, *Caltha palustris*, *Colchicum autumnale*. *Trollius europaeus* usw.) mit einigen Xerophyten (*Anthericum ramosum*, *Astragalus cicer*, *Cytisus ratisbonensis*, *Oxytropis pilosa* usw.) zeigte jedoch keine auffälligen und gesetzmäßigen Unterschiede. Pflanzen feuchterer Standorte, welche zufällig auf trockenem Boden zu wachsen kamen, hatten allerdings einen hohen Prozentsatz von sterilen Pollen; Pflanzen, welche unter ungünstigen Bodenbedingungen aufwachsen, zeigen ja häufig eine starke Schädigung des Pollens (Anikiev und Goroscenko 1950), auch wenn sie im übrigen normal ausgebildet sind.

Die Tatsache, daß sich die Pollen von Pflanzen, die an feuchte oder trockene Standorte angepaßt sind, in ihrer Trockenresistenz nicht grundsätzlich voneinander unterscheiden, ist weiter nicht erstaunlich, wenn man die Verhältnisse der Luftfeuchtigkeit in der Blütenregion beobachtet. In Bodennähe sind die Werte der relativen Luftfeuchtigkeit in der Vertikalen sehr verschieden (Geiger 1942). Es kann leicht sein, daß an einem trockenen Standort in etwa 5 cm Höhe eine wesentlich höhere Luftfeuchtigkeit herrscht als etwa an einem feuchten Standort in 20 cm Höhe. Stocker (1923) hat z. B. auf einer Wiese in 2, 13 und 100 cm Höhe eine rel. L. F. von 96, 78 und 57% gemessen. Daraus folgt, daß bei einer hochgewachsenen Pflanze wie etwa *Verbascum* die bodennäheren Blüten einer viel feuchteren Luft ausgesetzt sind als die höher ansitzenden. Dazu kommt der starke Einfluß der Bestandesdichte und der Windverhältnisse auf die Höhe der rel. L. F. Der für die Höhe der rel. L. F. in der Umgebung der Antheren (und damit des Pollens) ausschlaggebendste Faktor ist aber sicher die Ausgestaltung der Blüte. Durch die exponierte Lage der Antheren wird z. B. bei *Plantago*, *Sambucus* oder *Salix* der Pollen durch den vorüberstreichenden Wind häufig mit einer relativ trockenen Luft in Berührung gebracht. Ganz anders hingegen liegt die Sache z. B. bei *Muscari* oder verschiedenen Papilionaceen, wo durch die Anordnung der Blütenhülle die Antheren nahezu völlig eingeschlossen sind und so der Pollen wie in einer feuchten Kammer ständig einer gleichmäßig feuchten Luft ausgesetzt ist.

Das Verhalten der von mir untersuchten Arten zeigte wohl gewisse Schwankungen hinsichtlich der Resistenz, welche jedoch nicht mit irgendwelchen ökologischen Gegebenheiten in Zusammenhang gebracht werden konnten. Dies ist aber bei der Mannigfaltigkeit der oben erwähnten Faktoren, welche die Feuchtigkeit der die Antheren umgebenden Luft bestimmen, auch nicht zu erwarten gewesen.

Für die gärtnerische Praxis haben meine Untersuchungen gezeigt, daß der Pollen vieler Pflanzen durch längere Zeit hindurch zu einem hohen Prozentsatz befruchtungsfähig erhalten bleiben kann. Er muß nur von frisch geöffneten Antheren gesammelt werden und bei optimaler relativer Luftfeuchtigkeit (unter Vermeidung von Feuchtigkeitsschwankungen und Sonnenlicht) aufbewahrt werden.

## V. Zusammenfassung.

1. Im Vorversuch wurde für etwa 130 Angiospermenpollen die für die Keimung günstigste Rohrzuckerkonzentration bestimmt.

2. Im Hauptversuch wurden über 80 Angiospermenpollen mit Hilfe von 15 Exsiccatoren einer relativen Luftfeuchtigkeit (rel. L. F.) von 0 bis 100% ausgesetzt. Nach 24 Stunden, aber auch nach wenigen Stunden oder mehreren Wochen, wurde der so behandelte Pollen auf seine Keimfähigkeit untersucht. Es stellte sich dabei heraus:

a) Eine Anzahl von Pflanzen (z. B. *Tulipa, Plantago media, Clivia, Aesculus, Parnassia*) besitzen eine Trockenschwelle, d. h. sie verlieren unterhalb einer bestimmten Feuchtigkeit (etwa 80—40% rel. L. F.) ihre Keimfähigkeit weitgehend.

b) Die meisten Versuchspflanzen wurden durch starke Austrocknung jedoch nicht getötet, sondern keimten zum Teil nach Aufbewahrung in einer Luft mit einer rel. L. F. von 2—15% sogar besser aus als nach Aufbewahrung über feuchterer Luft. Lediglich nach Aufbewahrung über konz. $H_2SO_4$ ließ sich schon nach kurzer Zeit ein starker Abfall der Keimprozente feststellen.

c) Diejenigen Pollen, welche aber bei einer mehr oder weniger starken Trockenheit ihre Keimfähigkeit eingebüßt hatten, konnten

nach vorsichtigem Anfeuchten (Rückbringen in die Dampfspannungsreihe, wobei eine bestimmte rel. L. F. am günstigsten
wirkte) wieder zu einem hohen Prozentsatz zum Auskeimen
gebracht werden. Dies auch, wenn der Pollen mehrere Wochen
über konz. $H_2SO_4$ aufbewahrt worden war.

d) Im Bereich der hohen Luftfeuchtigkeit (über 95% rel. L. F.)
keimt der Pollen einiger weniger Pflanzen auf dem Uhrschälchen
aus, ohne in eine Kulturflüssigkeit zu kommen.

e) Fast alle übrigen Pollen sterben schon nach meist sehr
kurzem Aufenthalt in feuchter Luft ab und können auch nicht
mehr durch Behandlung mit verschieden feuchter Luft aktiviert
werden. Die Schädigung durch feuchte Luft scheint sich also
wesentlich stärker auszuwirken als die durch trockene Luft. Eine
Ausnahme bilden die Pollen von *Parnassia* und *Triglochin*, welche
in feuchter Luft länger leben als in trockener.

f) Das Optimum für eine Aufbewahrung liegt im mittleren und
trockenen Bereich und schwankt für die einzelnen Arten oft
erheblich. Die Zahl der auskeimenden Körner geht aber nach
einiger Zeit auch im Optimum stark zurück. Bei einer Aufbewahrung
bei starker Trockenheit und über konz. $H_2SO_4$ bleibt ein hoher
Prozentsatz keimfähig, allerdings ist ein vorsichtiges Anfeuchten
der Körner mit feuchter Luft vor dem Einbringen in die Kulturflüssigkeit nötig.

3. Die möglichen Ursachen der Trockenresistenz und die Einflüsse ökologischer Faktoren auf die Resistenz werden diskutiert.

## Literatur.

ABEL, W., 1956: Die Austrocknungsresistenz der Laubmoose. Sitz. Ber. d.
Ö. Akad. Wiss., mat.-natw. Kl., Abt. I., *165*. Bd., 619—707.

ADAMS, J., 1916: On the germination of the pollen grains of apple and other
fruit trees. Bot. Gaz., *61*, 131—147.

ANIKIEV, V. V., und GOROSCENKO, E. N., 1950: Dokl. Akad. Nauk SSSR, *74*,
373—376. Zit. Fortschr. d. Bot., *17*, 803.

BAUR, E., 1917: Physiologie der Fortpflanzung im Pflanzenreich, in: Kultur
der Gegenwart III, 4. Abt., *3*. Bd., 302.

BELAJEFF, W., 1893: Zur Lehre von dem Pollenschlauche der Angiospermen. Ber. d. Deutschen Bot. Ges., *11*, 196—201.

BERG, H. v., 1930: Beiträge zur Kenntnis der Pollenphysiologie. Planta, *9*,
105—143.

BIEBL, R., 1938: Trockenresistenz und osmotische Empfindlichkeit der
Meeresalgen verschieden tiefer Standorte. Jb. f. Bot., *68*, 350—386.

BOBILIOFF-PREISSER, W., 1917: Zur Physiologie des Pollens. Beih. Bot. Centralblatt *34*, 459—492.

BORRISS, H., und KROLOP, H., 1955: Über physiologische Wechselwirkungen zwischen Pollen verschiedener Pflanzenarten. Naturwiss., *42*, 301—302.

BRANSCHEIDT, P., 1929: Die Befruchtungsverhältnisse beim Obst und bei der Rebe. Gartenbauwiss., *2*, 158—270.

— 1930: Zur Physiologie der Pollenkeimung und ihrer experimentellen Beeinflussung. Planta *11*, 368—456.

— 1939: Befruchtungsphysiologische Untersuchungen an Taxus baccata. Ber. d. Deutschen Bot. Ges. *57*, 495—505.

BREDEMANN, G., GARBER, K., HARTECK, P., SUHR, K., 1947: Die Temperaturabhängigkeit der Lebensdauer von Blütenpollen. Die Naturwiss. *34*, 279—280.

BRINK, R. A., 1924a: The physiologie of pollen. Amer. Journ. of Bot., *11*, 218—228, 283—294, 351—364, 417—436.

— 1924b: A preliminary study of role of salts in pollen tube growth. Bot. Gaz. *78*, 361—377.

— 1925: The influence of hydrogen-ion concentration on the development of the pollen tube of the sweet pea (Lathyrus odoratus). Amer. Journ. of Bot., *12*, 149—162.

BUCHHOLZ, J. T., und BLAKESLEE, A. F., 1927: Pollen-tube growth at various temperatures. Amer. Journ. of Bot., *14*, 358—369.

BÜNNING, E., 1953: Entwicklungs- und Bewegungsphysiologie der Pflanze. 3. Aufl., 280, Springer, Wien.

— und HERDTLE, H., 1946: Physiologische Untersuchungen an thermophilen Blaualgen. Zeitschr. f. Naturforschung, *1*, 93—99.

CAMMERLOHER, H., 1931: Blütenbiologie I, Borntraeger, Berlin.

CHOMISURY, N., 1927: Beitrag zur Keimfähigkeit und Zytologie des Pollens einiger Prunus- und Rubussorten. Angew. Bot., *9*, 626.

CHRISTOPHERSEN, J., und PRECHT, H., 1953: Die Bedeutung des Wassergehaltes der Zelle für Temperaturanpassungen. Biol. Zentralblatt, *72*, 104—119.

COOPER, W., 1938: Vitamins and the germination of pollen grains and fungus spores. Bot. Gaz., *100*, 844—852.

CORRENS, C., 1889: Kulturversuche mit dem Pollen von Primula acaulis. Ber. d. Deutschen Bot. Ges. *7*, 265—272.

CRANDALL, C. S., 1912: The vitality of pollen. Proc. Soc. Hort. Sci. *9*, 121—130 (zit. bei Adams 1916).

DANGEARD, P., 1947: Encyclopädie Biologique, *24*, Cytologie Vegetale, 426—428, 446, Paris.

— 1956: Le vacuome des grains de pollen et sa coloration vitale. Protoplasma, *46*, 152—159.

— 1956: Le vacuome de la cellule vegetable. Morphologie. Protoplasmatologi, III D 1, 14—18.

DOROSCHENKO, A. B., 1928: Pollenphysiologie. Arb. angew. Bot., *18*, 5, 277 (russ.). Zit. bei v. BERG 1930.

DUFFIELD, W., 1954: Zeitschr. f. Forstgenetik, *3*. (Zit. in Fortschr. d. Bot. *18*, 339.

Ehlers, H., 1951: Untersuchungen zur Ernährungsphysiologie der Pollenschläuche. Biolog. Zentralblatt, *70*, 432—451.

Eigsti, O. J., 1942: A cytological investigation of Polygonatum using the colchicine-pollen tube technique. Amer. Journ. of Bot., *29*, 626—636.

Elfving, F., 1879: Studien über die Pollenkörner der Angiospermen. Jen. Zeitschr. Naturwiss., *13*, N. F. 6, 1—28. (Zit.: Theron, Molisch u. a.)

Esser, K., und Straub, J., 1954: Das Pollenschlauchwachstum bei Forsythia etc. Biolog. Zentralblatt, *73*, 449—455.

Finn, R., 1935: Einige Bemerkungen über den männlichen Gametophyten der Angiospermen. Ber. d. Deutschen Bot. Ges., *53*, 679—686.

Fuchs, A., 1936: Untersuchungen über den männlichen Gametophyten von Elaeagnus angustifolius. Ö. Bot. Zeitung, *85*, 1—16.

Gärtner, 1844: Die Befruchtungsorgane der vollkommenen Gewächse. Stuttgart 1844, 144. (Zit. bei Pfundt 1909.)

Geiger, R., 1942: Das Klima der bodennahen Luftschicht. 2. Aufl. 275—280.

Geitler, L., 1938: Zur Morphologie der Pollenkörner von Clarkia elegans. Planta, *27*, 426—431.

— 1941: Über die Struktur des generativen Kernes im zweikernigen Angiospermenpollen. Planta, *32*, 187—195.

Gessner, F., 1956: Die Wasseraufnahme durch Blätter und Samen. Handbuch der Pflanzenphysiologie *III*, 215—256.

Gleditsch, 1749: Physikalische Belustigungen, Berlin 1751, 2. Stück, 81. (Zit. bei Pfundt 1909.)

Golubinskij, 1951: Der Einfluß von Beimengungen des Pollens benachbarter Pflanzen auf die Pollenkeimung (russ.). Zit. bei Grümmer 1955, 128.

Grümmer, G., 1955: Die gegenseitige Beeinflussung höherer Pflanzen — Allelopathie. 126—136, Jena.

Haeckel, A., 1951: Beitrag zur Kenntnis der Pollenfermente. Planta, *39*, 431—459.

Hallermeier, M., 1922: Ist das Hängen der Blüten eine Schutzeinrichtung? Flora, *115*, 75—101.

Hann, J., 1889: Über die Luftfeuchtigkeit als klimatischer Factor. Wiener klin. Wochenschr. Nr. 18—19.

Hansgirg, A., 1897a: Zur Biologie des Pollens. Ö. Bot. Zeitschrift *57*, 48—52.

— 1897b: Beiträge zur Biologie und Morphologie des Pollens. Königl. böhm. Ges. d. Wiss., *23*, Prag.

Härtel, O., 1936: Pflanzenökologische Untersuchungen an einem xerothermen Standort bei Wien. Jb. f. wiss. Bot., *83*, 1—59.

— 1940: Physiologische Studien an Hymenophyllaceen II (Wasserhaushalt und Resistenz). Protoplasma, *34*, 489—514.

Hartmann-Dick: siehe Müller-Stoll.

Heil, H., 1925: Chamaegigas intrepidus, eine neue Auferstehungspflanze. Beih. Bot. Centralblatt, *41*, 41—50.

Herzog, T., und Höfler, K., 1944: Kalkmoosgesellschaften um Golling. Hedwigia, *82*, 1—92.

Hoffmann, H., 1871: Zur Geschlechtsbestimmung. Bot. Zeitung, *29*, 80—89, 97—109.

HOFMANN, K., 1936: Experimentell-ökologische Untersuchungen an Pflanzen auf dem Frauenstein etc. Beih. Bot. Centralbl., *55*, 212—270.

HÖFLER, K., 1942a: Über die Austrocknungsgrenzen des Protoplasmas. Sitz. Anz. d. math.-natw. Kl. d. Akad. d. Wiss. in Wien Nr. 12.

— 1942b: Über die Austrocknungsfähigkeit des Protoplasmas. Ber. d. Deutschen Bot. Ges., *60*, 94—107.

— 1945: Über Trockenhärtung und Härtungsgrenzen des Protoplasmas einiger Lebermoose. Akad. Wiss. math.-natw. Kl. *45*, Nr. 3.

— 1950: Über Trockenhärtung des Protoplasmas. Ber. d. Deutschen Bot. Ges., *63*, 3—10.

— 1954: Über einige Lebermoose des Bayreuther Raumes und ihre plasmatischen Trockengrenzen. Naturwiss. Ges. Bayreuth, 67—78.

HÖFLER, K., MIGSCH, H., ROTTENBURG, W., 1941: Über die Austrocknungsresistenz landwirtschaftlicher Kulturpflanzen. Forschungsdienst, *12*, 50—61.

HOFMEISTER, L., 1956: Über die Plasmagrenzschichten im Pollenkorn. Protoplasma, *46*, 367—379.

HOLLE, H., 1915: Untersuchungen über Welken, Vertrocknen und Wiederstraffwerden. Flora *8*, 73—126.

HOLMAN, R. M. und BRUBAKER, F., 1926: On the longevity of pollen. Univ. Calif. Bot., *13*, 179—204 (Zit. bei SCHNARF 1929, 262). Bespr.: Bot. Col. N. F., *11* (153), 336.

ILJIN, W. L., 1927: Über die Austrocknungsfähigkeit des lebenden Protoplasmas der vegetativen Pflanzenzellen. Jb. f. Bot., *66*, 947—964.

— 1930: Die Ursachen der Resistenz von Pflanzenzellen gegen Austrocknen. Protoplasma, *10*, 379—414.

— 1931: Austrocknungsresistenz des Farnes Nothochlaena marantae. Protoplasma, *13*, 322—330.

1933: Über Absterben der Pflanzengewebe durch Austrocknung und über ihre Bewahrung vor dem Trockentode. Protoplasma, *19*, 414—442.

— 1935: Lebensfähigkeit der Pflanzenzellen in trockenem Zustand. Planta, *24*, 742—754.

IRMSCHER, 1912: Über die Resistenz der Laubmoose gegen Austrocknung und Kälte. Jb. f. Bot., *50*, 387—449.

JENCIC, A., 1900: Untersuchung des Pollens hybrider Pflanzen. Österr. Bot. Zeitung, *50*, 1—5.

JOST, L., 1905: Zur Physiologie des Pollens, Ber. d. Deutschen Bot. Ges. *23*, 504—515.

— 1907: Über die Selbststerilität einiger Blüten. Bot. Zeitung, *65*, 77—117.

KAIENBURG, A., 1950: Zur Kenntnis der Pollenplastiden und der Pollenschlauchleitung bei einigen Oenotheraceen. Planta, *38*, 377—430.

KÄMPFER, 1712: Amoenitates exoticae etc. Lemgoviae 1712, 708. (Zit. bei PFUNDT 1909.)

KATZ, E., 1926: Über die Funktion der Narbe bei der Keimung des Pollens. Flora, *120*, 476—479.

KAWECKA, B., 1926: Über die Veränderlichkeit des Pollens bei einigen Oenotheren. Bull. Acad. Polon. Sci. B, Cracovie.

Kerner, A., 1873: Die Schutzmittel des Pollens gegen die Nachteile vorzeitiger Befeuchtung. Innsbruck nat.-med. Ver. 2 u. 3.

— 1898: Pflanzenleben II, 2. Aufl., 94—116.

Kesseler, E. v., 1930: Der Pollen von Solanum tuberosum L., seine Keimfähigkeit und das Wachstum der Pollenschläuche. Zeitschr. f. angew. Bot., 12, 362—418.

Kirchheimer, 1935: Die Korrosion des Pollens. Beih. z. Bot. Centralblatt, 53, 398—416.

Knoll, F., 1930: Über Pollenkitt und Bestäubungsart. Zeitschr. f. Bot. 23, 610—675.

— 1936: Eine Streuvorrichtung zur Untersuchung der Pollenverkittung. Ö. Bot., Zeitschr. 85, 161—182.

— 1956: Die Biologie der Blüte. Verst. Wiss., 57, Springer, Wien.

Knowlton, H. E., 1922: Studies in pollen with special reference to longevity. Cornell. Univ. Agr. Exp. Sta. Mem., 52, 751—793. (Zit. bei Cooper 1938.)

Kölreuter, 1797: Historie der Versuche, welche vom Jahre usw. Cameri Opuscula botanici argumenti, herausgeg. von Mikan 1797, 165. (Zit. bei Pfundt 1909.)

Kühlwein, H., 1937: Zur Physiologie der Pollenkeimung, insbesondere der Frage nach dem Befruchtungsverzug bei Gymnospermen. Beih. Bot. Centralblatt, 57, 37—104.

— 1948: Über keimungsfördernde Substanzen in Pollen und Narben. Planta, 35, 528—535.

— und Anhaeusser, H., 1951: Veränderung des Gymnospermenpollen durch Lagerung. Planta 39, 476—479.

Kuhn, E., 1938: Zur Physiologie der Pollenkeimung bei Matthiola. Planta 27, 304—333.

Küster, E., 1956: Die Pflanzenzelle, 3. Auflage, G. Fischer, Jena.

Lakon, G., 1942: Topographischer Nachweis der Keimfähigkeit der Getreidefrüchte durch Tetrazoliumsalze. Ber. d. Deutschen Bot. Ges., 60, 299—305.

Lange, O. L., 1953: Hitze- und Trockenresistenz der Flechten in Beziehung zu ihrer Verbreitung. Flora 140, 39—97.

Laue, E., 1938: Untersuchungen an Pflanzenzellen im Dampfraum. Flora 32, 193—224.

Lauscher, R., 1949: Normalwerte der relativen Feuchtigkeit in Österreich. Wetter und Leben, 1, 289—297.

Lebedincev, E., 1930: Untersuchungen über die wasserbindende Kraft der Pflanzen in Zusammenhang mit ihrer Dürre- und Kälteresistenz. Protoplasma, 10, 52—80.

Lidforss, B., 1895: Zur Biologie des Pollens. Jb. f. Bot., 29, 1—38.

— 1898: Weitere Beiträge zur Biologie des Pollens. Jb. f. Bot. 33, 232—312.

— 1899: Über Chemotropismus der Pollenschläuche. Ber. d. Deutschen Bot. Ges., 17, 236—242.

— 1909: Untersuchungen über die Reizbewegungen der Pollenschläuche. Zeitschr. f. Bot., 1, 443—496.

Lindenbein, W., 1929: Die Pollenentwicklung einiger Süßkirschen. Gartenbauwiss., 2, 133—157.

LINSKENS, H., 1955: Physiologische Untersuchungen der Pollenschlauch-Hemmung selbststeriler Petunien. Zeitschr. f. Bot., *43*, 1—44.

LOPRIORE, G., 1928: Die Katalasereaktion und die Biologie des Pollens. Ber. d. Deutschen Bot. Ges., *46*, 413—426.

MÄGDEFRAU, K., 1931: Untersuchungen über die Wasserdampfaufnahme der Pflanzen. Zeitschr. f. Bot., *24*, 417—430.

MANGIN, L., 1889: Recherches sur la pollen. Bull. Soc. Bot., France, *33*, 1—11.

MAHESHWARI, P., 1949: The male gametophyte of angiosperms. Bot. Review, *15*, 1—75.

MAXIMOW, N. A., 1951: Kurzes Lehrbuch der Pflanzenphysiologie. Berlin, 573—575.

MIANI, D., 1901: Über die Einwirkung von Kupfer auf das Wachstum lebender Pflanzenzellen. Ber. d. Deutschen Bot. Ges., *19*, 461—464.

MIKKELSEN, V., 1949: Has temperature any influence on pollen sice? Physiologia Plantarum, *2*, 323—324.

MILTHORPE, F. L., 1950: Changes in the drought resistance of wheat seedlings during germination. Ann. of. Bot., *14*, 79—89.

MIYOSHI, M., 1894: Über Reizbewegungen der Pollenschläuche. Flora, *78*, 76—93.

MOLISCH, H., 1893: Zur Physiologie des Pollens, mit besonderer Rücksicht auf die chemotropischen Bewegungen der Pollenschläuche. Sitz. Ber. d. Akad. Wiss. Wien, math.-natw. Kl., *102*, 1—27.

— 1916: Biologie des atmosphärischen Staubes. Ver. z. Verbr. naturw. Kenntn., *57*, Heft 3.

— 1929: Die Lebensdauer der Pflanze. Jena S 96, 132.

MÜLLER-STOLL, W., 1948: Zytomorphologische Studien am Pollen von Taxus baccata und anderen Koniferen. Planta 35, 601—641.

— und HARTMANN-DICK, U., 1955: Zytomorphologische Studien über das normale und pathologische Verhalten von Pollenschläuchen etc. Österr. Bot. Zeitschr., *102*, 273—300.

— und LERCH, G., 1957a: Über Nachweis, Entstehung und Eigenschaften der Kallosebildungen in Pollenschläuchen. Flora, *144*, 297—334.

— — 1957b: Über den physiologischen Charakter der Kallosebildung in Siebröhren und Pollenschläuchen etc. Biolog. Centralblatt, *76*, 595—612.

NIETHAMMER, A., 1929: Die Beeinflussung der Pollenkeimung unserer Nutz- und Ziergewächse durch die verschiedensten Giftstoffe etc. Gartenbauwiss., *1*, 472—487.

— 1932: Die Pollenkeimung und chemische Reizwirkung etc. Biochem. Zeitschr., *249*, 412—420. (Zit.: Beih. Bot. Centralbl., *164*, 400.)

NOHARA, S., 1913: On the germination of pollen of some salix. Bot. Mag. Tokyo, 183—193.

OEHLKERS, F., 1934: Entwicklungsphysiologie. Fortschritte der Botanik, *4*, 297.

OKUNUKI, K., 1933: Über den Gaswechsel des Pollens von Lilium auratum. Bot. Mag. Tokyo, *47*, 45—62.

PATTERSON, C. F., 1929: A method of handling pollen of the apple and of the plum for long distance shipment. Sci. Acricult., *9*, 491—493. (Bespr. in Gartenbauwiss., *2*, 138, F. HENGL.)

Pfundt, M., 1909: Der Einfluß der Luftfeuchtigkeit auf die Lebensdauer des Blütenstaubes. Jb. f. Bot., *47*, 1—40.

Piech, K., 1922: Über die Veränderlichkeit der Pollenkörner von Linaria ua. Bull. Soc. Polon., *47*, 412. (Zit.: Schoch-Bodmer 1938.)

Poddubnaja-Arnoldi, V. A., 1933: Künstliche Kultur und zytologische Untersuchung des Pollenschlauches von Senecio platanifolius. Planta, *19*, 299—304.

— 1936: Beobachtungen über die Keimung des Pollens einiger Pflanzen auf künstlichem Nährboden. Planta, *25*, 502—529.

Pohl, F., 1937: Die Pollenkorngewichte einiger windblütiger Pflanzen und ihre ökologische Bedeutung. Beih. Bot. Centralbl., *57*, 112—172.

Pohl, R., 1951: Die Wirkung von Wuchsstoff und Hemmstoff auf das Wachstum der Pollenschläuche von Petunia. Biolog. Zentralbl., *70*, 119—128.

Portheim, L. und Löwi, E., 1909: Untersuchungen über die Entwicklungsfähigkeit der Pollenkörner in verschiedenen Medien. Ö. Bot. Zeitschr., *59*, 134—142.

Rempe, H., 1938: Untersuchungen über die Verbreitung des Blütenstaubes durch die Luftströmungen. Planta, *27*, 93—147.

Renner, O., 1919: Zur Biologie der männlichen Haplonten einiger Oenotheren. Zeitschr. f. Bot., *11*, 305—380.

Rittinghaus, P., 1886: Über die Widerstandsfähigkeit des Pollens gegen äußere Einflüsse. Verh. nat. Ver. d. Rheinl., *43*, 123—166.

Roemer, T., 1915: Zur Pollenaufbewahrung, Z. Pflanzenzüchtung, *2*, 83—86.

Rouschal, E., 1937: Eine physiologische Studie an Ceterach officinarum. Flora, *32*, 305—318.

Ruhland, W. und Wetzel, K., 1924: Der Nachweis von Chloroplasten in den generativen Zellen von Pollenschläuchen. Ber. d. Deutschen Bot. Ges., *42*, 3—14.

Sandsten, E. P., 1909: Some conditions which influence the germination and fertility of pollen. Univ. Wisc. Agric. Res. Bull., *4*, 149—172. (Zit. bei Adams 1916.)

Sato, Y. und Muto, K., 1954: Die Lebensdauer von Salix-Pollen. Festschrift für E. Aichinger I, 77—82. Springer, Wien.

Savelli, 1940: C. R. Acad. Sci. Paris, *210*, 546—548. Sur la mechanisme de la stimulation mutuelle des grains de pollen germants en collectivité. (Zit. in Fortschr. d. Bot., *10*, 304.)

Schmucker, T., 1933: Zur Blütenbiologie tropischer Nymphaeaarten. II. Planta, *18*, 641—650.

— 1935: Über den Einfluß von Borsäure auf keimende Pollenkörner. Planta, *23*, 264—282.

Schnarf, K., 1929: Embryologie der Angiospermen. Linsbauers Handwörterbuch der Pflanzenanatomie X/2, S. 262ff.

— 1938: Studien über den Bau der Pollenkörner der Angiospermen. Planta, *27*, 450—465.

Schneider, G., 1956: Wachstum und Chemotropismus von Pollenschläuchen. Zeitschr. f. Bot., *44*, 175—205.

SCHOCH-BODMER, H., 1936: Zur Physiologie der Pollenkeimung bei Corylus avellana usw. Protoplasma, *25*, 337—371.
— 1938/39: Die Veränderlichkeit der Pollengröße bei Lythrum salicaria. Flora. *33*, 69—110.
SCHRÖDER, G., 1886: Über die Austrocknungsfähigkeit der Pflanzen. Unters. d. Bot. Inst. Tübingen, *2*, 1—52.
SMITH, P.F., 1942: Studies of the growth of pollen with respect to temperature, auxins, colchicine and vitamine $B_1$. Amer. Journ. of Botany, *29*, 56—66.
STEFFEN, K., 1953: Zytologische Untersuchungen an Pollenkorn und -schlauch. Flora. *140*, 140—174.
STERNER, E., 1912: Pollenbiologische Studien im nördlichsten Skandinavien. Arkiv f. Bot., *12*, Nr. 12, 1—25.
STOCKER, O., 1923: Klimamessungen auf kleinstem Raum an Wiesen-, Wald- und Heidepflanzen. Ber. d. Deutschen Bot. Ges., *41*, 145—150.
— 1947: Probleme der pflanzlichen Dürreresistenz. Die Naturwiss., *34*, 362—370.
— 1948: Beiträge zu einer Theorie der Dürreresistenz, Planta, *35*, 445—466.
— 1956: Die Dürreresistenz. Ruhlands Handwörterbuch der Pflanzenphysiologie III, 698—741, auch 160.
STOCKHAMMER, G., 1946: Ergänzende Untersuchungen über den Bau des männlichen Gametophyten der Angiospermen. Dissertation, Wien.
SVOLBA, F., 1942: Beobachtungen bei Pollenkeimprüfungen. Gartenbauwiss., *17*, 95—105.
THERON, G. C., 1927: Zur Physiologie des Pollens. Diss., Wien.
TISCHLER, G., 1910: Untersuchungen über den Stärkegehalt des Pollens tropischer Gewächse. Jb. f. wiss. Bot., *47*, 219—242.
— 1917: Pollenbiologische Studien. Zeitschrift f. Bot., *9*, 417—488.
— 1925: Studien über die Kernplasmarelation in Pollenkörnern. Jb. f. Bot., *64*, 121—168.
TOKUGAWA, Y., 1914: Zur Physiologie des Pollens. Journ. of the Coll. of Sci. Tokyo, 1—53.
TRANKOWSKY, D. A., 1931: Zytologische Beobachtungen über die Entwicklung der Pollenschläuche der Angiospermen. Planta, *12*, 1—18.
TSAO, T. H., 1949: A study of chemotropism of pollen tubes in vitro. Plant. Physiology, *24*, 494—504.
VISSER, T., 1955: Germination and storage of pollen. Meded. Landbouwhogschool Wageningen, *55*, 1—68.
WALDERDORFF, M. v., 1924: Über Kultur von Pollenschläuchen auf festem Substrat und bei verschiedener Luftfeuchtigkeit. Bot. Archiv, *6*, 84—110.
WALTER, H., 1928: Verdunstungsmessungen auf kleinstem Raume in verschiedenen Pflanzengesellschaften. Jahrb. f. wiss. Bot., *68*, 233—288.
— 1931: Die Hydratur der Pflanze. Fischer, Jena.
WERFFT, R., 1951: Über die Lebensdauer der Pollenkörner in der freien Atmosphäre. Biol. Zentralbl., *70*, 354—366.
WOLLERSHEIM, M., 1957: Untersuchungen über die Keimungsphysiologie der Sporen von Equisetum arvense und Equisetum limosum. Zeitschr. f. Bot., *45*, 145—159.

WULFF, E., 1909: Über Pollensterilität bei Potentilla. Österr. Bot. Zeitschr., *59*, 384—393.

WULFF, H. D., 1934a: Beiträge zur Kenntnis des männlichen Gametophyten der Angiospermen. Planta, *21*, 12—50.

— 1934b: Untersuchungen an Pollenkörnern und Pollenschläuchen von Impatiens parviflora. Ber. d. Deutschen Bot. Ges., *52*, 43—47.

— 1935: Galvanotropismus bei Pollenschläuchen. Planta, *24*, 602—608.

— und RAGHAVAN, T. S., 1938: Beobachtungen an Pollenschlauchkulturen von der Hydrophyllacee Nemophila insignis. Planta, *27*, 466—473.

WUNDERLICH, R., 1937: Zur vergleichenden Embryologie der Liliaceae-Scilloideae. Flora N. F., *32*, 48—90.

ZIEGLER-BRANSCHEIDT, 1927: Untersuchungen über die Rebenblüte. Angew. Bot., *9*, 340—374.

Die in den Sitzungsberichten Abtlg. I und Abtlg. IIa der math.-nat. Klasse der Österr. Ak. d. Wiss.
erscheinenden Abhandlungen werden auch einzeln abgegeben. Sie können durch jede Buchhandlung
oder direkt durch die Auslieferungsstelle der Österreichischen Akademie der Wissenschaften (Wien I,
Singerstraße 12) bezogen werden.

Nachfolgende Abhandlungen aus dem Fach der **Zoologie** sind erschienen:

**1957 (S I Bd. 166):**

Kühnelt W.: Weiß als Strukturfarbe bei Wüstentenebrioniden (mit einem Beitrag von C. Koch,
Pretoria) (mit 1 Tafel). S 8.60

Starmühlner F.: Ergebnisse der Österreichischen Island-Expedition 1955. Zur Individuendichte
und Formänderung von Lymnaea peregra Müller in isländischen Thermalbiotopen (mit 7 Textabbildungen und 2 Tafeln). S 46.80

Starmühlner F.: Ergebnisse der Österreichischen Iran-Expedition 1949/50. Beiträge zur Kenntnis
der Molluskenfauna des Iran, und Edlauer A.: Konchyliologische Bestimmungen und Be-
schreibungen (mit 17 Textabbildungen, 3 Tafeln und 1 Beilage).

Tollmann A.: Die Mikrofauna des Burdigal von Eggenburg (Niederösterreich) (mit 2 Textabbildungen 7 Tafeln und 2 Tabellen). S 45.90

Wettstein O.: Nachtrag zu meiner Herpetologia aegaea (mit 2 Textabbildungen und 8 Tafeln).
S 56.60

**1958 (SI Bd. 167):**

Amsel Hans Georg: Ergebnisse der Österreichischen Iran-Expedition 1949/50. Lepidoptera II.
(Microlepidoptera) (mit 1 Tafel und 7 Textabbildungen). S 12.60

Beier Max, Reimoser E. und Kritscher E.: Zoologische Studien in West-Griechenland.
VII. Teil Araneae. S 5.70

Beier Max und Scheerpeltz Otto: Zoologische Studien in West-Griechenland. VIII. Staphyli-
nidae (Col.) (mit 1 Textabbildung). S 48 30

Brehm V.: Bemerkungen zu einigen Kopepoden Südamerikas (mit 5 Textabbildungen). S 25.60

Brehm V.: Die systematischen Verhältnisse bei Notodiaptomus Anisitsi Daday und pereleganns
Wright (mit 4 Textabbildungen). S 10.50

Löffler Heinz: Die Klimatypen des holomiktischen Sees und ihre Bedeutung für zoogeographische
Fragen (mit 1 Textabbildung und 1 Beilage). S 27.30

Mihelčič Franz: Zoologisch-systematische Ergebnisse der Studienreise von H. Janetschek und
W. Steiner in die spanische Sierra Nevada 1954, IX. Milben (Acarina) (mit 10 Textabbildungen). S 21.60

Nemenz Harald: Beitrag zur Kenntnis der Spinnenfauna des Seewinkels (Burgenland, Österreich)
(mit 3 Textabbildungen). S 27.30

Reisser Hans: Ergebnisse der Österreichischen Iran-Expedition 1949/50. Lepidoptera I. (Macro-
lepidoptera) (mit 44 Abbildungen auf 9 Tafeln und 1 Karte). S 57.70

Scheminzky F. und Stipperger H.: Über die Fluoreszenz der Eihäute beim Weberknecht
Gyas annulatus (mit 1 Textabbildung und 1 Tafel). S 8.10

Schuster Reinhart: Beitrag zur Kenntnis der Milbenfauna (Oribatei) in pannonischen Trocken-
böden (mit 4 Textabbildungen). S 12.60

Viets O. Kurt: Wassermilben aus der Schwechat (Wienerwald) (mit 20 Textabbildungen). S 19.80

**1959 (S I Bd. 168):**

Baumgartner-Gamauf Margaretha: Einige ufer- und wasserbewohnende Collembolen des
Seewinkels S 5.80

Beier Max und Wagner W.: Zoologische Studien in Westgriechenland. IX. Teil. Homoptera (mit
63 Textabbildungen). S 22.60

Brehm V.: Bemerkungen zu einigen Kopepoden Südamerikas (mit 25 Textabbildungen). S 25.90

Brehm V.: Contribution à l'étude de faune d'Afghanistan Nr.17 (mit 12 Textabbildungen). S 18.90

Eiselt Josef: Entomolepis adriae n. sp., ein Beitrag zur Kenntnis der kaum bekannten Gattungen
siphonostomer Cyclopoiden: Entomolepis, Lepeopsyllus und Parmulodes (Copepoda, Crust.)
(mit 4 Textabbildungen). S 19.10

Löffler Heinz: Zur Limnologie. Entomostraken- und Rotatorienfauna des Seewinkelgebietes
(Burgenland Österreich) (mit 5 Textabbildungen und 4 Tafeln). S 60.20

Remaudière Georges: Zoologisch-systematische Ergebnisse der Studienreise von H. Janetschek
und W. Steiner in die spanische Sierra Nevada 1954. XI. Homoptera, Aphidoidea (mit 12 Textabbildungen). S 9.70

Schubart Otto: Zoologisch-systematische Ergebnisse der Studienreise von H. Janetschek und
W. Steiner in die spanische Sierra Nevada 1954. XII. Diplopoda (mit 9 Textabbildungen). S 16.50

Schuster Reinhart: Ökologisch-faunistische Untersuchungen an den bodenbewohnenden Klein-
arthropoden (speziell Oribatiden) des Salzlachengebietes im Seewinkel (mit 6 Textabbidungen).
S 45.40

Steiner Walter: Zoologisch-systematische Ergebnisse der Studienreise von H. Janetschek und
W. Steiner in die spanische Sierra Nevada 1954. X. Springschwänze (Collembola) (mit 5 Textabbildungen) S 12.90

Wettstein-Westersheimb Otto: Die alpinen Erdmäuse. S 10.—